油气井钢丝作业技术

主　编：马辉运
副主编：陈学忠

石油工业出版社

内 容 提 要

本书紧密结合我国油气行业发展的实际，从多个方面归纳总结了钢丝作业基本原理和作业形式，对钢丝作业设备、设施和工具进行了系统介绍，整理了多年以来在含硫气井上进行特殊钢丝作业的案例，并增加了部分钢丝作业新技术与装备的内容。

本书可作为从业人员参考和新入职人员培训书籍，也可以作为现场工程师日常查阅的工具手册。

图书在版编目（CIP）数据

油气井钢丝作业技术 / 马辉运主编 . —北京：石油工业出版社，2023.2

ISBN 978-7-5183-5694-2

Ⅰ.①油… Ⅱ.①马… Ⅲ.①油气井 – 井下作业 Ⅳ.①TE358

中国版本图书馆 CIP 数据核字（2022）第 195078 号

出版发行：石油工业出版社
（北京安定门外安华里 2 区 1 号　100011）
网　　址：www.petropub.com
编辑部：（010）64523535　　图书营销中心：（010）64523633
经　　销：全国新华书店
印　　刷：北京中石油彩色印刷有限责任公司

2023 年 2 月第 1 版　2023 年 2 月第 1 次印刷
787×1092 毫米　开本：1/16　印张：10.5
字数：230 千字

定价：90.00 元
（如出现印装质量问题，我社图书营销中心负责调换）
版权所有，翻印必究

《油气井钢丝作业技术》
编委会

主　编：马辉运

副主编：陈学忠

成　员：李　奎　喻成刚　王　柯　杨　海　缪　云

　　　　艾志鹏　杨永韬　陈飞虎　李玉飞　王际晓

　　　　何威利　兰瑞洪　卜现朝　张　勇　邓　悟

　　　　张瀚韬　杨　洋

前言

随着国民经济的快速发展，我国对油气资源的需求量越来越大。为满足国民经济需求和保障社会发展，我国油气资源开发进入高速、高效发展期。钢丝作业作为高效、灵活的井下作业技术，在石油与天然气勘探开发中十分重要，已被广泛应用于勘探、完井、修井和测试等多个环节中，起到了重要的保障支撑作用。

钢丝作业是一门超精细、高风险、经验性极强的作业技术，诞生于20世纪40年代，于70年代引入我国，经过长时间的应用和发展，已逐步制订和完善了作业操作规程、行业规范和技术培训等。该技术具有工程应用性广、专业性强等特点，并具有完整的油气井作业管理和技术体系。

本书紧密结合我国油气行业发展的实际，从钢丝作业基本原理、作业形式、作业设备、设施和工具等多个方面进行了汇总和归纳总结，同时整理了钢丝作业技术团队多年来在含硫气井上进行特殊钢丝作业的案例供读者参阅，增加了部分钢丝作业新技术与新装备。因四川盆地油气勘探井况复杂的特殊性，编者工作中主要接触的是国外进口工具和装备，因此本书中部分工具尺寸仍采用英制单位，便于大家参照使用。

本书是根据油气田相关行业标准与规定、作业技术知识体系和行业人员技术培训要求进行编写，由中国石油西南油气田公司工程专家和长期从事钢丝作业的技能大师在总结材料和经验的基础上，经过整理、修改和完善而成，既有对以往实践的总结、提炼和升华，又将理论知识应用于现场实践。本书既可以作为油气井钢丝作业从业人员及现场工程师日常查阅的工具手册，也可供相关专业人员及新入职人员参考。

本书由中国石油西南油气田公司工程技术研究院马辉运主编、四川圣诺油气工程服务有限公司相关专家参与编写完成。其中第一章由李玉飞、杨海编写，

第二章由陈飞虎、李玉飞、汪传磊和钟海峰编写，第三章由王柯、杨永韬、杨海编写，第四章由喻成刚、李奎、张瀚韬、邓悟和缪云编写，第五章由陈飞虎编写，第六章由杨永韬、王际晓、何威利和卜现朝编写，本书中的插图由杨洋、李奎进行绘制和处理，感谢以上编者对本书的付出与大力支持。

在本书编写过程中，参考了国内外相关书籍和厂家产品手册，在此对书籍作者和相关厂家表示感谢。由于编者水平所限，编写过程中难免存在疏漏，敬请读者批评指正。

Contents

目 录

第一章　概述 …………………………………………………………… 1

第一节　钢丝作业类型 …………………………………………… 1
一、投捞作业 ……………………………………………………… 1
二、测试作业 ……………………………………………………… 1
三、取样作业 ……………………………………………………… 1
四、开关作业 ……………………………………………………… 2
五、打孔及切割作业 ……………………………………………… 2

第二节　钢丝作业环境 …………………………………………… 2
一、常规气井 ……………………………………………………… 2
二、非常规气井 …………………………………………………… 3

第二章　钢丝作业工艺技术 …………………………………………… 5

第一节　常规井下钢丝作业 ……………………………………… 5
一、试井作业 ……………………………………………………… 5
二、井下取样 ……………………………………………………… 8
三、井筒完整性检测 ……………………………………………… 9

第二节　井下钢丝投捞作业 ……………………………………… 11
一、投捞节流器 …………………………………………………… 11
二、投捞柱塞卡定器 ……………………………………………… 14
三、投捞井下堵塞器 ……………………………………………… 16
四、投捞气举阀 …………………………………………………… 17
五、开关井下滑套 ………………………………………………… 19

第三章　钢丝作业设备及钢丝 ………………………………………… 21

第一节　绞车 ……………………………………………………… 21

一、国内外绞车技术现状……………………………………………… 21
　　二、绞车工作原理……………………………………………………… 22
　　三、绞车的分类及技术参数…………………………………………… 23
　　四、钢丝作业工艺对车载绞车的要求………………………………… 25
　　五、车载绞车的结构及功能…………………………………………… 26
　　六、绞车系统结构……………………………………………………… 27
　　七、绞车技术发展趋势………………………………………………… 34
　第二节　防喷系统………………………………………………………… 35
　　一、防喷盒……………………………………………………………… 35
　　二、捕捉器……………………………………………………………… 38
　　三、防掉器……………………………………………………………… 38
　　四、注入系统…………………………………………………………… 38
　　五、防喷管……………………………………………………………… 40
　　六、防喷器……………………………………………………………… 43
　　七、气动试压泵………………………………………………………… 45
　　八、其他装置…………………………………………………………… 47
　第三节　钢丝……………………………………………………………… 48
　　一、钢丝种类…………………………………………………………… 49
　　二、不锈钢丝抗腐蚀性能……………………………………………… 54
　　三、影响钢丝使用寿命的因素………………………………………… 56
　　四、钢丝选择与使用…………………………………………………… 56
　　五、钢丝使用注意事项………………………………………………… 58
　　六、试井钢丝的检测与更换…………………………………………… 58

第四章　钢丝作业工具……………………………………………………… 60

　第一节　基本工具………………………………………………………… 60
　　一、绳帽………………………………………………………………… 60
　　二、加重杆……………………………………………………………… 62
　　三、震击器……………………………………………………………… 63
　　四、万向节……………………………………………………………… 67
　　五、旋转接头…………………………………………………………… 68
　第二节　送入工具………………………………………………………… 69

一、MC-1 型送入工具 ··· 69
　　二、F 型坐卡送入工具 ·· 70
　　三、X 型锁芯送入工具 ·· 70
　　四、井底压力计丢手工具 ·· 71
第三节　投捞工具 ··· 71
　　一、投捞工具分类 ·· 71
　　二、基本投捞工具系列 ·· 72
第四节　辅助工具 ··· 78
　　一、快速接头 ··· 78
　　二、通径规 ·· 79
　　三、扶正器 ·· 80
　　四、钢丝刷 ·· 80
　　五、倾倒筒 ·· 81
　　六、捞砂筒 ·· 82
　　七、防上移工具 ·· 83
　　八、油管定位器 ·· 83
　　九、MF 型坐卡工具 ··· 84
　　十、油管末端探测器 ··· 84
　　十一、强磁打捞工具 ··· 85
　　十二、B 型插杆 ··· 86
第五节　复杂处理工具 ·· 86
　　一、钢丝探测器 ·· 86
　　二、钢丝捞矛 ··· 87
　　三、盲锤 ·· 88
　　四、铅印（铅模）··· 88
　　五、钢丝切刀（撞击式）·· 89
　　六、肯利割刀 ··· 90
　　七、管壁割刀 ··· 90
　　八、弗洛割刀 ··· 90
　　九、卡瓦打捞筒 ·· 92
　　十、卡瓦打捞矛 ·· 93
　　十一、鳄鱼夹 ··· 93

第六节 特殊作业工具 …… 95

一、胀管器 …… 95
二、油管刮刀 …… 95
三、扩孔器（牙轮式） …… 96
四、油管打孔工具 …… 96
五、MB 型开关工具 …… 98
六、大斜度井作业工具 …… 98

第七节 钢丝作业新工具 …… 99

一、可视化井口装置 …… 99
二、井下找漏工具 …… 101
三、电子割刀 …… 102
四、可变径刮管器 …… 103
五、电子悬挂器 …… 103
六、电动打孔工具 …… 104
七、井下摄像仪 …… 106

第五章 含硫气井钢丝作业 …… 108

第一节 硫化氢相关知识 …… 108

一、硫化氢的物理化学性质 …… 109
二、硫化氢对人体的危害 …… 109
三、硫化氢的腐蚀 …… 109

第二节 含硫井钢丝作业技术 …… 110

一、设备的准备 …… 110
二、试井绞车操作 …… 115

第三节 风险识别与预防 …… 118

一、作业风险提示 …… 118
二、作业前准备情况确认要求 …… 119
三、核心工作步骤、危害及控制措施 …… 119

第六章 现场应用 …… 122

第一节 常规钢丝作业案例 …… 122

  一、6-H1井下压力计悬挂 ………………………………………… 122
  二、6-H2井油管内投堵塞器 …………………………………… 124
  三、Y形管柱井投捞堵塞器 …………………………………… 126
  四、6-X3井井下照相 …………………………………………… 128
  五、6-X210井油管打孔 ………………………………………… 129
 第二节　特殊钢丝作业案例 …………………………………………… 130
  一、6-X4井钢丝打捞 …………………………………………… 131
  二、6-X5井钢丝打捞 …………………………………………… 134
  三、6-H6井钢丝打捞 …………………………………………… 137
  四、6-X7井钢丝打捞 …………………………………………… 139
  五、6-X8井节流器打捞 ………………………………………… 141
  六、Y型井钢丝打捞 …………………………………………… 142
  七、6-X9井井口防喷器故障处理 ……………………………… 144

附录 ……………………………………………………………………… 146

 附录A　钢丝作业常用计算公式 ……………………………………… 146
  一、入井的试井工具串允许长度计算 …………………………… 146
  二、加重杆重量的计算 …………………………………………… 146
  三、井筒内平均流速计算 ………………………………………… 148
  四、鱼头位置计算 ………………………………………………… 148
 附录B　快速接头规范表 ……………………………………………… 149
 附录C　手动单闸板BOP规范 ……………………………………… 151
 附录D　Optimax安全阀参数 ………………………………………… 151
 附录E　哈里伯顿公司井下安全阀参数 ……………………………… 152
 附录F　贝克休斯公司井下安全阀参数 ……………………………… 152

参考文献 ………………………………………………………………… 153

第一章 Chapter one

概 述

钢丝作业主要是指通过缠绕在绞车上的钢丝连接各种井下工具，利用绞车将井下工具下入油气井筒，通过上提下放、震击等动作实现对井下工具的投捞、开关等操作。钢丝作业设备主要包括绞车、钢丝、防喷系统和井下工具等。由于钢丝作业相对简单、操作简便、适用范围广和易于下井等特点，在钻完井及生产井中应用广泛，常用于井筒内压力测试工具、腐蚀检测工具、开关滑套、井下节流器等的投捞作业。

第一节 钢丝作业类型

按作业类型分类，钢丝作业可以分为投捞作业、测试作业、取样作业、开关作业、打孔作业和切割作业等。

一、投捞作业

投捞作业主要包括投捞各型号堵塞器、安全阀、配水器、定位器/卡定器、气举阀、井下节流器等井下工具，可应用于油井、气井、水井中，是钢丝作业应用比较多的一种作业方式。

开展投捞作业主要使用钢丝绞车或钢丝橇、防喷系统、试井钢丝、绳帽、机械震击器、加重杆，以及各类型的投捞工具。

二、测试作业

测试作业主要包括压力测试（静压和流压）、动态监测、腐蚀检测、漏点检测和液面测试作业。

开展测试作业除了配备相应的钢丝绞车、防喷系统等设备以及常规的钢丝作业工具串外，还需配置专用于测温、测压的井下压力计，以及用于腐蚀和漏点检测的各类测试工具。

三、取样作业

取样作业主要通过钢丝连接取样工具，下入油管或套管内，对预定位置的气体、液体或垢物进行取样作业。

四、开关作业

开关作业主要通过钢丝连接特定的开关工具，下入井筒内对安全阀、滑套等工具进行打开或关闭。

五、打孔及切割作业

钢丝连接工具串及打孔工具，实现设计深度位置油管、套管内的打孔。采用大力切割工具还可实现油管切割作业。

第二节　钢丝作业环境

钢丝作业主要应用于各尺寸的生产管柱中。目前，国内各个油气田完井方式存在差异，所采用的生产管柱类型和尺寸区别都比较大，本节主要以工作中所涉及的几种典型管柱为例予以介绍。

一、常规气井

四川盆地常规天然气井通常含硫化氢和二氧化碳并产水。日产水量从几立方米到几百立方米，井口压力从20～30MPa到100MPa以上，井口温度从20～30℃到92℃，日产气量从几万到几十万立方米，极个别井甚至日产上百万立方米；由于采用完井投产一体化管柱，在完井管柱设计中考虑完井方式、井下防腐、管柱气密封性能、增产改造和采气等全流程的需要，完井管柱较为复杂，对钢丝作业操作、设备性能带来极大的挑战。

常用开发井井型有直井、大斜度井和水平井，不同井型的完井方式有裸眼完井、筛管完井和套管射孔完井。

对于高温高压含硫高产气井，完井管柱结构为：气密封螺纹油管+井下安全阀+气密封螺纹油管+永久式封隔器+坐放短节+球座（图1-1），油管、井下安全阀和封隔器等普遍采用镍基合金材质；对于高温高压含硫的中低产气井，完井管柱结构为：气密封螺纹油管+井下安全阀+气密封螺纹油管+化学剂注入阀+气密封螺纹油管+永久式封隔器+坐放短节+球座（图1-2），为降低成本，油管、井下安全阀和封隔器等普遍采用抗硫碳钢材质，化学剂注入阀主要作用是注缓蚀剂，降低碳钢油管腐蚀速率，部分井考虑后期采气工艺需要，在井下安全阀以下合适位置加装节流工作筒；对于水平段长、储层非均质性强的井，通常采用裸眼封隔器分段完井，其管柱结构为：气密封螺纹油管+井下安全阀+气密封螺纹油管+化学剂注入阀+完井封隔器+裸眼封隔器+滑套（图1-3），油管通常为抗硫碳钢油管。部分井预置了井下节流器工作筒，油管尺寸通常为$2\frac{7}{8}$in和$3\frac{1}{2}$in或两种尺寸油管的组合。

常规气井中主要开展试井作业、井下节流器的投捞作业、开关安全阀和钢丝打捞等作业。在常规气井作业中创造的钢丝作业记录有：P2井试井作业，最大硫化氢含量为

207.53g/m³；L004-6井试井作业，最大关井压力为108MPa；L001-23井钢丝打捞作业，捞获钢丝及压力计落鱼总长6000m。

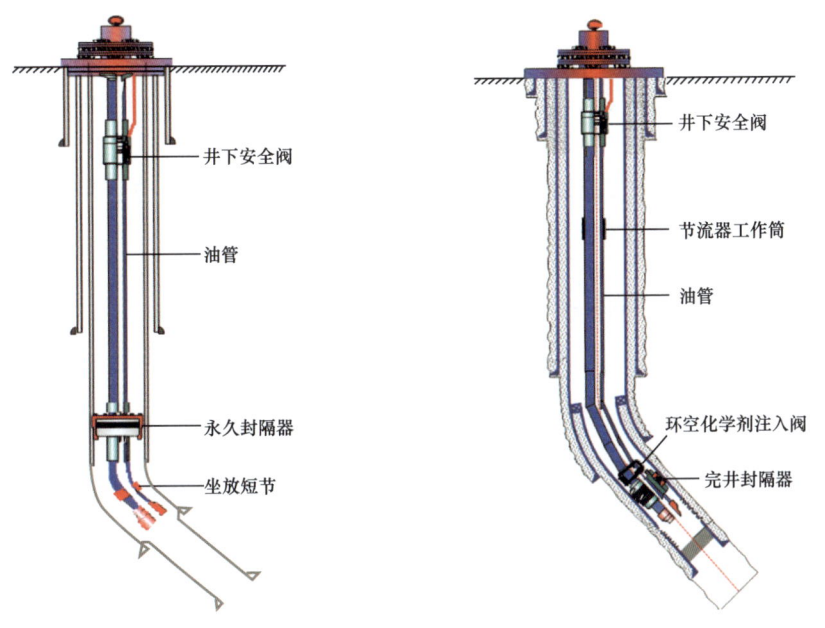

图1-1 高温高压含硫高产气井完井管柱

图1-2 高温高压含硫中低产气井完井管柱

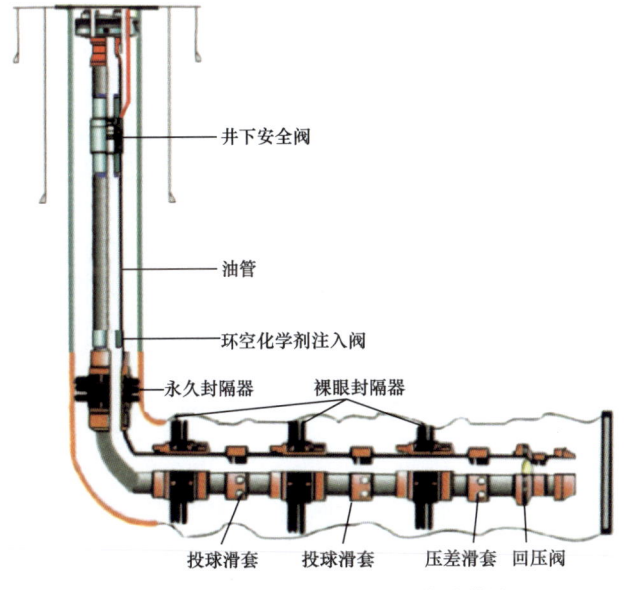

图1-3 裸眼封隔器分段改造完井管柱

二、非常规气井

非常规气主要有致密气和页岩气，采用井型多为水平井，通常为套管射孔完井，采

用速钻桥塞或可溶桥塞进行分段压裂，并根据生产需要适时下入油管或连续油管作为生产管柱。

非常规气井生产管柱结构相对较为简单，除少部分井油管尺寸为 $2\frac{7}{8}$in 外，绝大部分尺寸为 $2\frac{3}{8}$in，管柱下入深度较深，部分井甚至下到接近井斜 90° 位置（图 1-4），钢丝作业工具无法下到井斜角较大地方，通常不会超过 45°，因此，钢丝作业的入井管串组合和操作手在作业过程中的操作显得尤为重要。目前，非常规气井的钢丝作业主要用于试井、取样和柱塞卡定器、井下节流器的投捞等作业。投捞作业中最大作业井斜记录为 2021 年 CNH5-5 井柱塞卡定器投放作业创造，达到 72.2°。

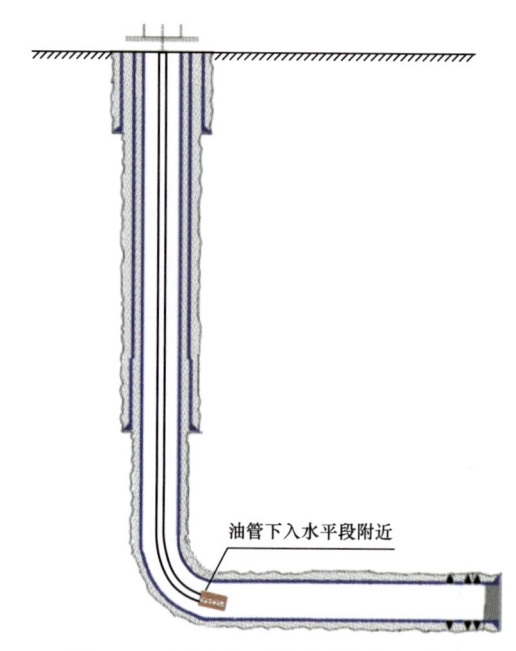

图 1-4　非常规水平井井身结构示意图

第二章 Chapter two

钢丝作业工艺技术

根据作业井的类型、井下管柱和具体作业目的不同，钢丝作业能够提供很多不同形式的作业。按照操作特性来分类，大致可分为常规井下钢丝作业和井下钢丝投捞作业。其中常规井下钢丝作业，主要是指钢丝携带工具入井，单纯地起下即可，不需要大力震击、不需要投捞类工具。此类钢丝作业的技术难度较小、风险相对较低。

第一节 常规井下钢丝作业

常规井下钢丝作业包括试井测试、井下取样、井筒完整性检测油套管腐蚀检测、管柱漏点检测和磁测厚等作业等。

一、试井作业

（一）基本概念

目前，钢丝作业仍是国内外常规试井作业中最常见的方式，利用试井钢丝将测试仪器及工具下入井内，测试周期结束后，起出测试仪器及工具，通过回放测试仪器内存储的温度和压力等数据，为后续解释工作提供基础数据。

（二）测试作业装备准备及要求

测试作业应遵守气井试井作业相关标准和企业管理制度，执行试井测试工艺控制文件，完成测试前的准备、现场施工和资料整理等工作，做好作业过程的规范化、标准化和信息化管理，不断提高试井测试技术水平和施工能力。

1. 试井设备及工具准备

气井测试需使用符合测试井条件和作业能力的试井绞车、测试仪器、工具、井口防喷装置及配套设备，并备足备件和耗材。接触井内流体的井口防喷装置、钢丝、入井工具、仪器及其配件应满足测试井相应的压力、温度和抗腐蚀要求。

2. 井口防喷装置要求

根据试井作业设计、方案或任务书要求配备完整的防喷装置，防喷装置应具备有效检验合格证书和相关技术资料，使用维护记录完整，本体整洁，润滑良好，配件和耗材质量好、数量够。含硫井使用抗硫材质的防喷装置。具体技术要求为：

（1）井口防喷装置的额定工作压力应不低于测试井目前地层压力。

（2）防喷装置的通径及内空长度应满足入井工具串尺寸要求。

（3）密封控制头（防喷盒）、防喷管、转换短节、天地滑轮、泄压阀、辅助设备和组装工具齐全完好并成套。

（三）存储式井下压力计

钢丝试井作业主要采用存储式井下压力计测量井下压力和温度数据。压力传感器是井下压力计的核心部件。目前国内外生产的井下压力计主要使用压阻式压力传感器和压电式压力传感器。

1. 传感器

1）压阻式压力传感器

其工作原理基础是压阻效应。压阻式压力传感器主要有两种类型：一种是薄膜压阻式传感器，其传感元件主要为单晶硅和硅—蓝宝石，敏感元件主要为陶瓷、石英、金属等薄膜；另一种是扩散型压阻式传感器，其传感元件、敏感元件均为单晶硅。

2）压电式压力传感器

压电式压力传感器（石英晶体压力传感器）主要为石英晶体谐振压力传感器。石英晶体谐振压力传感器以厚度切变型石英谐振器作为敏感元件，基于压电效应测量压力和温度。

2. 存储式井下压力计工作原理

存储式井下压力计工作原理如图 2-1 所示。

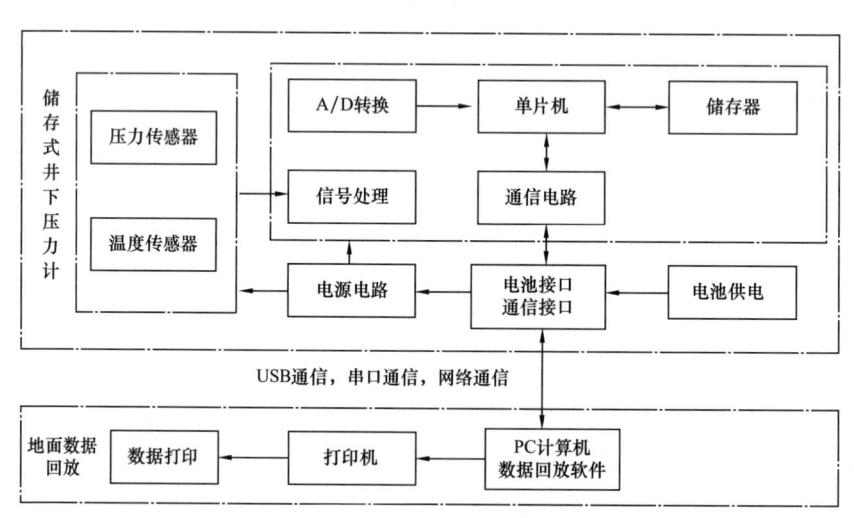

图 2-1　存储式井下压力计工作原理图

测试时，通过钢丝将存储式井下压力计下至井内预定深度，电池提供工作电压，压力和温度传感器将被测压力和温度转换成电信号，信号处理电路对其进行放大、整形，经 A/D 转换电路处理为数字信号，单片机将数字信号通过计算转化成对应的压力和温度值，并发送给存储器进行存储。测试结束、压力计起出后，使用通信电缆连接计算机，通过数据回放软件，回放测试数据，形成压力和温度曲线。

3. 存储式井下压力计结构组成

目前，存储式井下电子压力计的生产厂家众多、规格型号繁杂，部分压力计型号技术参数见表2-1，仅以MPS9A型压力计举例说明。

表2-1 部分压力计技术参数表

压力计型号	传感器类型	压力等级 psi	压力精度	温度等级 ℃	温度精度 ℃
MPS9A	硅蓝宝石	15000	±0.04%满量程	150	±0.5
DDI-C			±0.024%满量程		±0.25
DDI-Q	石英晶体	30000	±0.02%满量程	200	±0.15
PPS28		20000		200	±0.2
PSE-M				177	±0.2

MPS9A型压力计结构如图2-2所示，实物如图2-3所示。

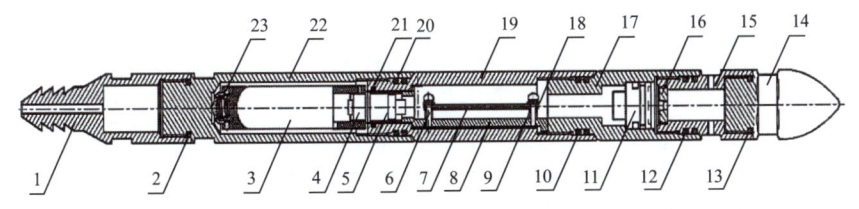

图2-2 MPS9A型压力计结构示意图

1—绳帽；2，10，12，13，20，21—O形密封圈；3—电池；4—雷莫插头；5—雷莫插座；6—螺钉；7—电路板；8—电路板骨架；9—垫圈；11—压力传感器；14—导引头；15—引压短节；16—压盖；17—压力传感器座；18—垫片；19—电路护筒；22—电池护筒；23—弹簧

图2-3 MPS9A型压力计实物图

4. 测试作业对存储式井下压力计的要求

（1）存储式井下压力计的压力和温度量程上限应大于测试井井底预计压力和温度值。井底压力和温度不清的井，可参照邻井资料。

（2）测试作业时应至少串接两支规格、型号相同的电子压力计。

（3）压力计入井测试前应先进行地面测试，测试合格方可入井。

（4）压力计入井前应检查电池电量，保证电量满足测试要求。

（5）压力计应按期到有资质的检测机构进行检测或标定。

二、井下取样

(一)基本概念

井下取样是指利用钢丝连接井下取样器下入井中,取得全井或分层油、气、水样,对其加以化验分析,得到储层第一手物理性质、化学性质和流体特性的资料,为储层后续生产开发、生产制度调整优化提供基础数据。

(二)井下取样器

井下取样器从取样控制方式上分为机械式和电子式两种。

机械式井下取样器按取样方式分为钟机式、锤击式、挂壁式等。

电子式井下取样器按取样方式分为电机式、电子气动式;按取样过程和原理又分为流入型和吸入型两种。取样器种类繁多,各有优劣,见表2-2。下面以正向驱替井下取样器(PDS)举例说明。

表 2-2 各种井下取样器对比

名称		结构方式	优点	缺点
机械式	钟机式	钟表机构	可靠性高	操作较复杂
	锤击式	锤击	操作简单	作业风险大,仅用于直井
	挂壁式	在油管接箍处拉挂		可靠性差,下放过程中不能上提
电子式		电动式	取样准确	价格昂贵

正向驱替取样器(PDS)是一种在井筒中被高压液体强制置换、强制关闭,并能取到高质量井内液样的取样器。经过转样后的液样存储在耐压样瓶内,经PVT分析后为油田的开发提供依据。

1. PDS取样器的结构

PDS取样器由三大部分组成,分别是取样室、空气室和控制机构,如图2-4所示。取样室用于储存缓冲液并在取样结束后储存地层样品。空气室用于在取样点后储存从取样室被驱替出来的缓冲液。控制机构负责控制在预定时间结束后打开取样开关。

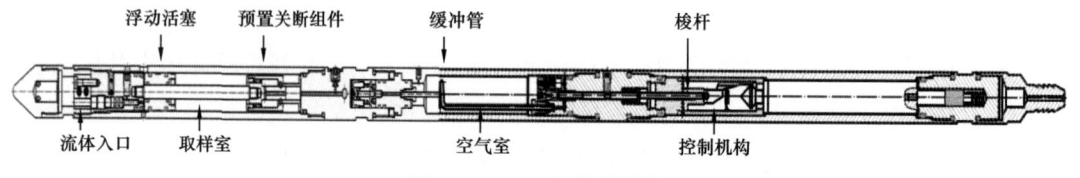

图 2-4 PDS取样器结构

PDS取样器工作原理是在地面设置控制机构的定时开启时间,并将取样室充入一定压力的缓冲液。定时开启时间前,浮动活塞被缓冲液限制在取样室的底部。当取样器下至井内设计位置后，定时开启时间到达，控制机构动作，梭杆上移。地层流体通过流体入口进入取样室底部，浮动活塞在井压的作用下向上移动，取样室内压力降低。浮动活塞上部的液压油通过油嘴，进入空气室与取样室连接部位，而后通过缓冲管最后通过往返装置从空气室顶部流出，最终进入空气室。当浮动活塞到达顶部之后，预置关断组件会关闭，同时带动整个取样室心轴上移，从而关闭流体入口，地层流体保存在取样室，缓冲液也全部被驱替到空气室内。

2. PDS 取样器操作步骤

（1）检查所有的操作工具及辅助设备是否完好。检查取样器所有 O 形圈状况及密封面，如有必要重新更换 O 形圈。

（2）组装针阀体组件、连杆、活塞和预置关断组件（确定针阀处于关闭状态，检查锁定销钉和 O 形圈保护套是否到位）。

（3）确保取样室清洁、光滑、无痕迹。

（4）拧上底堵，将缓冲液（LEUSYNTH 油）充满取样室。

（5）选择正确的节流器（根据取样位置的压力和温度）。

（6）把空气室的液体排空。

（7）检查梭杆机构和调压阀的性能。

（8）用专用工具组装空气室，使梭杆机构锁定在关闭位置。在梭杆机构组件上，连接触发器机构和时钟套。

（9）将取样器的样室和空气室进行连接，用专用扳手将各连接处上紧。

（10）根据井底压力对取样器施加预置压力。

（11）根据取样时间设置时钟，将时钟装入时钟室。

（12）将取样器与工具串连接。在取样器进入防喷管前释放梭杆机构上的螺钉。

（13）仪器下放速度控制在 4000～6000m/h。

（14）下放到取样深度后，看记录时间是否到预置时间，到后停 5min，然后把仪器提出井口。

三、井筒完整性检测

许多油气田经过一定程度的开发后，油井、气井和水井均不同程度地出现油套管腐蚀，或因地层滑移、坍塌对油套管造成损坏。为保证油气田生产和开发的正常进行，需要对重点油气井进行井筒完整性检测。常用的井筒完整性检测包含有多臂井径仪测井、电磁探伤测井和超声波测试等。目前钢丝作业能完成油套管腐蚀检测、管柱漏点检测、磁测厚等作业。

钢丝作业多采用多臂井径仪与电磁探伤组合技术进行井筒完整性检测，该技术可以综合反映油套管变化状况，不但能确定内层及外层管柱的腐蚀、破损或挫断等损伤情况，而且能准确定量解释内层套管内壁变化状况。可帮助识别管柱破损和窜漏情况，提高资

料的解释精度，使得解释结果更加精准可靠。

（一）多臂井径仪测井

多臂井径仪有多个机械探测臂，每一个探测臂都会把其所感知到的套管内径变化通过一定的机械系统传递给位移传感器。位移传感器输出的脉冲信号经过差动放大，整流滤波处理后，就可以得到与套管内径有关的电压，将此电压通过 A/D 转换器转换为数字量并传输给地面数控系统，再由地面数控系统将所得数据转换为套管的内径值，并将套管内径还原成像，就可形成内径展开成像图、圆周剖面成像图和柱面立体成像图，能输出多条井径曲线，并计算出管柱变形的最大内径、最小内径及深度等，从而实现对管柱变形、弯曲、断裂、孔眼和内壁腐蚀等情况的检查。

目前国内常用的多臂井径仪有 8 臂、12 臂、16 臂、24 臂、32 臂、40 臂和 56 臂井径仪等多种类型。其仪器包括测量臂、传感器、电子线路和上下扶正器等部分。多臂井径仪测井资料的解释结果以伪彩色图像显示，将管柱损坏的状况直观地显示出来。如图 2-5 所示。

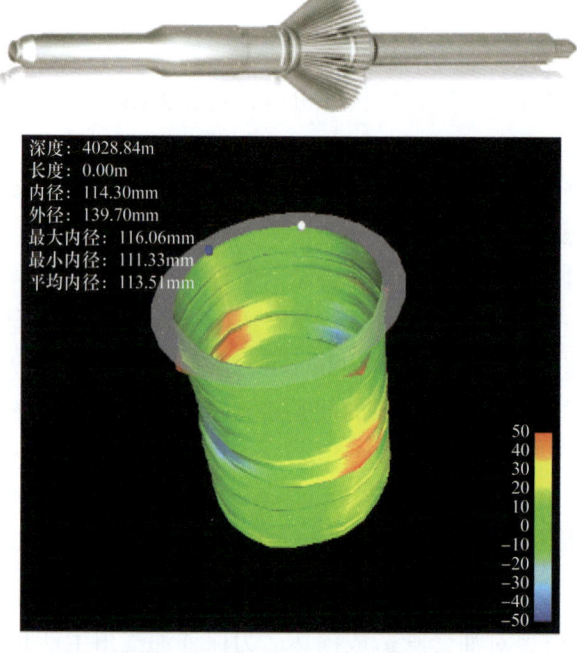

图 2-5 多臂井径仪及解释图片

（二）电磁探伤测井

电磁探伤测井仪的工作原理是基于法拉第电磁感应定律，在钢套管或油管内安装的探头中发射线圈产生可变的电磁场。该电磁场在导管中激发涡流。可以通过探头中的接收线圈研究涡流的基准磁场。刻蚀金属中钢管壁裂纹和腐蚀侵蚀的增长，阻碍涡流的传播，并改变涡流磁场的幅度，如图 2-6 所示。

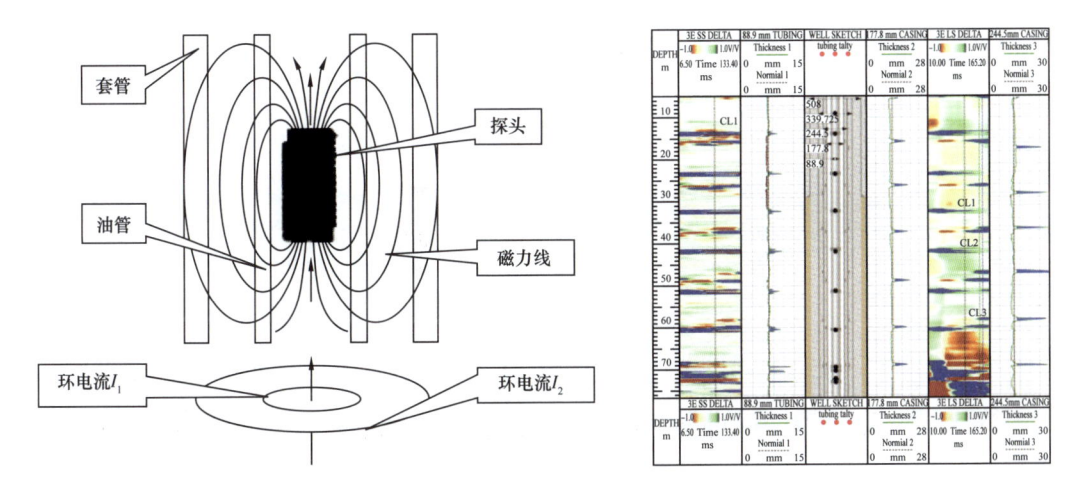

图 2-6 电磁探伤原理及解释图片示意图

电磁探伤测井仪可用来确定单层或双层管柱的壁厚，通过壁厚计算分别确定内层及外层管柱的腐蚀、破损、错断等损伤情况，方便地实现了过油管对套管进行损伤检测。

第二节　井下钢丝投捞作业

井下钢丝投捞作业主要是指钢丝携带工具入井，通过上提下放钢丝启动震击器震击工具来达到作业目的。投捞作业操作难度相对较大，对设备性能和操作人员技术水平要求高，作业风险较高。

投捞作业主要包括投捞各型号井下节流器、柱塞卡定器/定位器、堵塞器和气举阀等井下工具，开关井下滑套及井下安全阀等作业。投捞作业是钢丝作业应用较多的一种作业方式。

一、投捞节流器

气井井下节流工艺是指将井下节流器下入生产管柱内，实现气流在井筒内节流降压并充分利用地热，使节流后的气流温度高于天然气水合物生成温度的一种采气工艺。

（一）地面节流与井下节流区别

（1）两者所处位置不同，因而对地热条件的利用不同。地面油嘴由于不能利用地热，节流后温度很低，易生成水合物，因此，通常采用水套炉加热以防止冰堵。

（2）地面节流后井口仍然承受高压。

（3）地面节流可以方便调节产量，而井下节流产量由节流嘴大小和产层产能决定，不能随时调节。

（4）地面节流嘴安装、更换方便，而井下油嘴必须通过钢丝作业才能更换油嘴。

（5）地面节流嘴属于水平管喷嘴流动；井底节流嘴属于垂直管喷嘴流动。因此，在设计中，地面油嘴不存在位能差。

井下节流器是安装在生产管柱内，依靠锚定机构定位、密封元件封隔和气嘴配产来实现井下节流的一种工具。目前井下节流器按类型分为固定式井下节流器和活动式井下节流器，如图2-7和图2-8所示。主要技术参数见表2-3和表2-4。

图2-7 固定式井下节流器

图2-8 活动式井下节流器

表2-3 固定式井下节流器技术参数

节流器型号	最大工作压差 MPa	节流嘴孔径 mm	密封面直径 mm	工具最大外径 mm	适用条件
JL59-70	70	1.5～20	58.2	59	含$H_2S \leq 5g/m^3$
JL65-70			64.2	65	
KJL59-70			58.2	59	含$H_2S \leq 30g/m^3$
KJL65-70			64.2	65	
GKJL47-70			46.2	47	含$H_2S \leq 225g/m^3$
GKJL59-70			58.2	59	
GKJL65-70			64.2	65	
GKJL62-105	105		61.2	62	
GKJL68-105			67.2	68	

表2-4 活动式井下节流器技术参数

节流器型号	最大工作压差 MPa	节流嘴孔径 mm	胶筒外径 mm	工具最大外径 mm	适用条件
HWS46-35	35	1.5～20	45	46	油气水井。H_2S含量$\leq 5g/m^3$，Cl^-含量较低，凝析油含量$\leq 30m^3/d$，少量出砂
HWS56-35			55	56	
HWS65-35			64	65	

（二）投捞节流器主要步骤

1.通井

（1）关井，待油管与套（管）压力平稳之后进行通井。

（2）通井工具串：绳帽、加重杆、机械震击器、油管通径规。

（3）通径规最大外径应比油管内径小 2~3mm，比井下节流器最大外径大 0.5~2mm，刚性长度应大于井下节流器长度 300~500mm 为宜；通井工具串长度应大于投放或打捞工具串长度。

（4）以不大于 50m/min 的速度下放通井工具串，无卡阻现象为合格。如下入活动式井下节流器则通井至设计深度以下 100m 处，并在设计深度位置上下 50m 提放 3 次，无卡阻现象为合格；若下入固定式井下节流器则通井至节流器坐放工作筒处。

（5）正常上起通井工具到防喷管，关闸泄压为零后，卸开防喷管，拆卸清洗通径规。

2. 投放井下节流器

固定式井下节流器和投捞工具如图 2-9 所示。

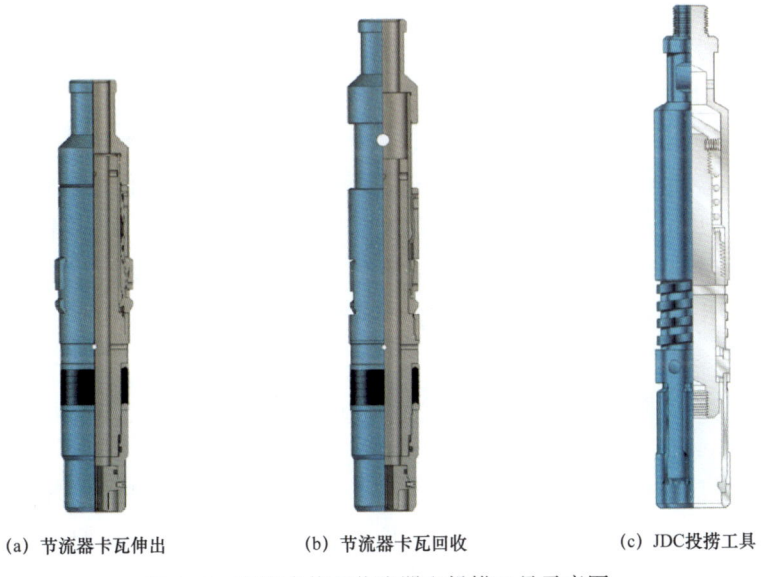

(a) 节流器卡瓦伸出　　(b) 节流器卡瓦回收　　(c) JDC投捞工具

图 2-9　固定式井下节流器和投捞工具示意图

1）投放固定式井下节流器

坐放工具串：绳帽、加重杆、机械震击器、坐放工具（芯杆）和固定式井下节流器。

所有入井工作准备完成后，将钢丝收紧，然后校对钢丝计数器零位值，松开绳卡，以小于 50m/min 的速度下入坐放工具串，下至离节流器工作筒上方 50m 深度时让绞车停止，记录坐放工具串悬重和上提拉力。

缓慢下放至节流器工作筒深度，当悬重明显减小时；慢提钢丝，负荷会缓慢增加，当负荷不再增加时（是指悬重少了震击器下部、芯杆和井下节流器的重量），记录深度和悬重。缓慢上起拉开震击器，然后快速下击，直到剪断坐放销钉，节流器卡瓦完全打开。再缓慢上起，负荷明显增大（大于正常上起拉力），说明坐放销钉已经剪断，节流器卡瓦卡定在节流器工作筒内。下放收回震击器，然后快速上击，直到剪断检验销钉；负荷小于称重记录时的上起负荷值，说明坐放成功，起出工具串。

2）投放活动式井下节流器

坐放工具串：绳帽、加重杆、机械震击器、投放杆和活动式井下节流器。

所有入井工作准备完成后，将钢丝收紧，然后校对钢丝计数器零位值，松开绳卡，以小于 50m/min 的速度将坐放工具串下至预定深度，同时记录坐放工具串悬重，投放过程中严禁上提钢丝，以防止节流器提前坐封。慢提钢丝，观察指重计，当拉力超过下井工具串的重量 20kgf，表明卡瓦已坐放在油管内壁上，坐封前应缓慢上提 150kgf 以上预紧力，在确认卡瓦卡紧在油管壁上后，方可向上震击剪断销钉。缓慢下放工具，确保震击器闭合，向上震击，剪断销钉。若不成功则应反复进行上提震击，直至连接销钉剪断。起出工具串。

3. 打捞井下节流器

1）打捞固定式井下节流器

关井到井下节流器上端和下端压力平衡。准备打捞工具串：绳帽、加重杆、机械震击器和下击释放打捞工具（JDC）。

所有入井准备工作完成后，将钢丝收紧，然后校对钢丝计数器零位值，松开绳卡，以小于 50m/min 的速度下入打捞工具串，观察钢丝计数器，下入深度接近节流器 50m 时，悬停和上起称重并记录。下放至节流器深度，当悬重明显减小，慢提钢丝，负荷大于称重记录的上起负荷值时，说明捞住了节流器打捞颈。反复向上震击，直到整个固定型井下节流器被打捞出节流工作筒，然后起出工具串。

2）打捞活动式井下节流器。

关井到井下节流器上端和下端压力平衡。准备打捞工具串：绳帽、加重杆、机械震击器和打捞工具（JUC）。

所有入井准备工作完成后，将钢丝收紧，然后校对钢丝计数器零位值，松开绳卡，以小于 50m/min 的速度下入打捞工具串，下入深度接近节流器 50m 时，悬停和上起称重并记录。离活动式井下节流器 10m 左右时停止下放，再次确认油管与套管压力平衡后，将工具轻放在活动式井下节流器上面，慢提工具串，当负荷明显大于井下工具自重时，表示抓住了井下节流器打捞头，向下震击解封活动式井下节流器，若整个打捞工具串通过了工具原卡定位置，表明工具已解卡，随后起出工具串。

二、投捞柱塞卡定器

柱塞气举是间歇气举的一种特殊形式，原理是利用柱塞在举升气和采出液之间形成一机械界面，有效地利用气体的膨胀能量，减少了液体滑脱损失，提高举升效率，起到助排的效果。它适用于带液能力较弱的自喷生产井。

（一）柱塞气举装备

柱塞气举装备主要由柱塞防喷器、柱塞、卡定器缓冲弹簧总成和生产控制系统等组成。若完井管柱内置有带缓冲弹簧的柱塞工作筒，则不用卡定器缓冲弹簧总成。

卡定器缓冲弹簧总成一般安装在油气井生产油管的底部位置，起到定位、限位作用。卡定器缓冲弹簧总成是由打捞颈、减震弹簧、承接器组成。常用的柱塞卡定器主要有卡箍式、卡瓦式和弹块式三种，三种卡定器均在卡定器本体上端连接缓冲弹簧。另外也有卡定器和缓冲弹簧总成是分开的，需要进行两次投放。缓冲器弹簧主要作用是防止柱塞下落硬性冲击油管内坐落的卡定器，同时吸收柱塞下落到缓冲弹簧顶部的冲击力。柱塞卡定器及缓冲弹簧总成适用范围见表2-5，实物如图2-10所示。

表2-5 柱塞卡定器缓冲弹簧总成适用范围

卡定器类型	卡定方式	卡定部位	适用范围
卡箍式	钢丝作业	油管接箍	EUE 类型油管
卡瓦式	钢丝作业	油管本体	气密封扣型油管
弹块式	钢丝作业	工作筒	预置坐放短节

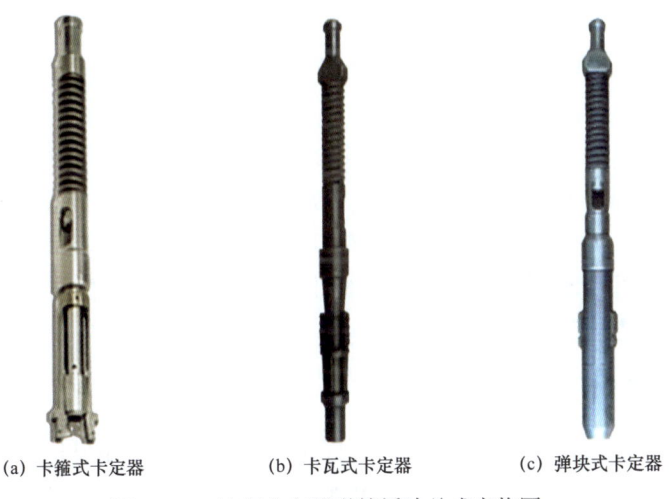

(a) 卡箍式卡定器　　(b) 卡瓦式卡定器　　(c) 弹块式卡定器

图2-10 柱塞卡定器弹簧缓冲总成实物图

（二）柱塞气举施工作业

1. 通井

通井工具：绳帽+加重杆+机械震击器+通径规。模拟通径规的外径应小于油管内径、大于柱塞卡定器（自由状态）最大外径，长度大于卡定器弹簧缓冲总成的有效长度。

模拟通井至设计深度，通井过程中要求无阻卡。下入深度接近设计深度提前50m降低速度，缓慢通过，观察钢丝张力变化，往返通过3次以上确认油管内无阻卡。

2. 坐放接箍式卡定器缓冲弹簧总成

坐放工具串：绳帽+加重杆+震击器+下击丢手工具+卡定器。下放卡定器至设计深度，投放过程中严禁上提钢丝，以防卡定器提前坐放。慢提钢丝，观察指重计，当拉

力超过下井工具串重量 20kgf 以上，表明已卡定在油管接箍上，向下震击剪断销钉，起出工具串。

三、投捞井下堵塞器

井下堵塞器投捞是指通过钢丝作业把井下堵塞器投放并固定在井下管柱预定的深度，起封隔油管内通道作用，需要连通时，把井下堵塞器从井下固定位置打捞出来。坐放工具串：绳帽+加重杆+震击器+丢手工具+卡定器（堵塞器）。

打捞工具串：绳帽+加重杆+机械震击器和下击释放打捞工具。

通常有两种投捞方式：（1）卡定器和堵塞器一起投放或打捞；（2）先投放卡定器，再投放堵塞器，打捞时先捞堵塞器，再捞卡定器。

下面介绍 OTIS "X" 系列锁芯的投放与打捞。

（一）X 型锁芯的投放

X 型锁芯投放到井下的工作筒里需要调整下入工具，使锁芯处于选择状态；将锁芯和下入工具连接后再接在基本工具串之下入井。

投放过程中锁芯有 3 种状态：

（1）在下井过程中，锁芯及其下入工具处于选择状态。

（2）当工具串下过要投放的工作筒后上提工具串到工作筒上部，在此过程中，下入工具及锁芯由选择状态变为非选择状态，锁芯的键弹出；下放工具串，可坐在工作筒里。

（3）向下震击可切断下入工具销钉；向上震击切断下入工具与锁芯的连接销钉；起出下入工具，锁芯处于锁定状态。

（二）X 型锁芯的打捞

X 型锁芯可用 GS 型和 GR 型打捞工具打捞，对于已经下井很长时间或可能砂埋的锁芯，应使用 GR 型打捞工具打捞。使用 GR 型打捞工具打捞锁芯，不用 GS 型打捞工具的理由是：

（1）为了能向下震松锁芯。

（2）如果锁芯被砂埋住，打捞工具能脱手。这是考虑 GS 型打捞工具的外筒必须顶着锁芯才能切断销钉。

打捞步骤如下：

（1）将 GR 型打捞工具下井插入锁芯后等待压力平衡。

（2）向下震松锁芯键。

（3）向上震击起出锁芯。

注意事项：必须在关井状态下平衡油管内压力，没有向上流动时才能进行投放，堵塞器上下没有压差时才能打捞。

四、投捞气举阀

投捞式气举阀是由套管环空压力操作的气举阀。气举阀靠波纹管充氮气提供气举阀的关闭压力,当生产压力超过关闭压力时,波纹管被压缩,阀球离开阀座,压缩气注入油管完成举升。气举阀坐放在井下偏心工作筒内,偏心工作筒主要由基管与偏心筒两部分组成,基管尺寸与油管尺寸相同,上部有导向槽,偏心筒内有工具识别头、锁定槽、密封筒以及外部连通孔。下面以中国航天科技集团川南机械厂的投捞式气举工具为例进行介绍。

(一)100WGP11 投捞式气举阀

100WGP11 投捞式气举阀为注气压力控制阀,如图 2-11 所示。

图 2-11 100WGP11 投捞式气举阀

气举阀波纹管老化压力 34.5MPa(5000psi),老化后波纹管皱褶无明显变形;波纹管及其腔室耐单独内压(气压)13.8MPa±0.1MPa(2000psi),波纹管皱褶无明显变形。

单流阀在压差 689kPa±69kPa(100psi±10psi)气压作用下漏失量不多于 1m³/d。

阀关闭后,当阀入口压力高于阀关闭压力前,阀座、阀球间漏失量不多于 1m³/d。

气举阀波纹管平均打开压力 5.516MPa(800psi±14.5psi),波纹管老化前后打开压力变化不高于 34.5kPa(5psi)。

气举阀放置 5 天后打开压力变化不高于 1%。

100WGP11 投捞式气举阀主要技术参数见表 2-6。

表 2-6 100WGP11 投捞式气举阀主要技术参数表

波纹管数据		阀座孔径 mm	阀孔面积 A_p mm²	A_p/A_b	$1-(A_p/A_b)$	油管效应系数
外径 mm	有效面积 A_b mm²					
19	199.9	3.2	8.164	0.0406	0.9594	0.0423
		4.7	17.527	0.0992	0.9078	0.1016
		6.4	32.462	0.1645	0.8385	0.1926
		7.1	39.916	0.1986	0.8021	0.2476

(二)偏心工作筒

井下偏心工作筒结构如图 2-12 所示,主要技术参数见表 2-7。

结构形式:圆形截面、整体式阀囊;材质:30CrMo/按需要定制;抗拉强度:不低于 80kN;耐单独内压:48.29MPa;耐单独外压:37.92MPa。

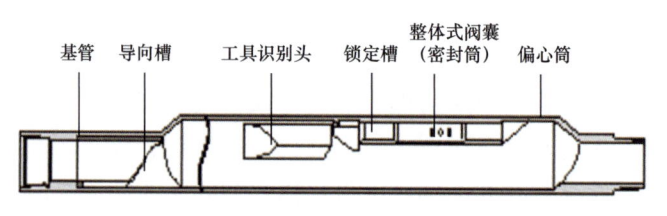

图 2-12　井下偏心工作筒结构示意图

表 2-7　适合 $2\frac{7}{8}$in 油管偏心工作筒主要结构尺寸

结构	尺寸 mm	尺寸 in
全长	1911	75.24
外径	118.6	4.67
通径	59.61	2.347
最小内径	62	2.44
两端螺纹	$2\frac{7}{8}$ UP TBG（BOX×PIN）	
阀囊孔径	25.4	1

（三）气举阀的投放

（1）用钢丝将投放工具串（自上而下为绳帽+加重杆+机械震击器+万向节+造斜工具+投放工具+气举阀）下放到需投放的气举阀位置以下 5～8m。

（2）缓慢上提投放工具串，使造斜工具（图 2-13）上的控制块滑入偏心工作筒导向槽内，这时在钢丝上施加 2kN 的造斜拉力（过提），造斜杠杆偏转约 6°，使得气举阀对准偏心工作筒阀囊孔。

图 2-13　造斜工具

（3）投放工具串下的气举阀进入偏心工作筒阀囊孔孔口，向下震击使气举阀进入偏心工作筒阀囊孔内，这时气举阀被锁定在偏心工作筒阀囊孔内。

（4）向上震击直到投放工具上剪切销钉被剪断，气举阀与工具串分离，继续向上震击直到工具串从工作筒内取出，投放过程如图 2-14 所示。

（四）气举阀的打捞

（1）钢丝将打捞工具串（自上而下为绳帽+加重杆+机械震击器+万向节+造斜工具+打捞工具）下放到需打捞的气举阀位置以下 5～8m。

（2）缓慢上提打捞工具串，使造斜工具上的控制块滑入偏心工作筒导向槽内，这时在钢丝绳上施加2kN的造斜拉力（过提），造斜杠杆偏转约6°，使得打捞工具对准气举阀。

（3）下放打捞工具串，打捞工具抓住气举阀打捞颈。

（4）向上震击，气举阀投捞头上的剪切销钉被剪断，气举阀解锁被拉出，继续向上震击直到打捞工具串连同气举阀从工作筒内捞出，打捞过程如图2-14（b）所示。

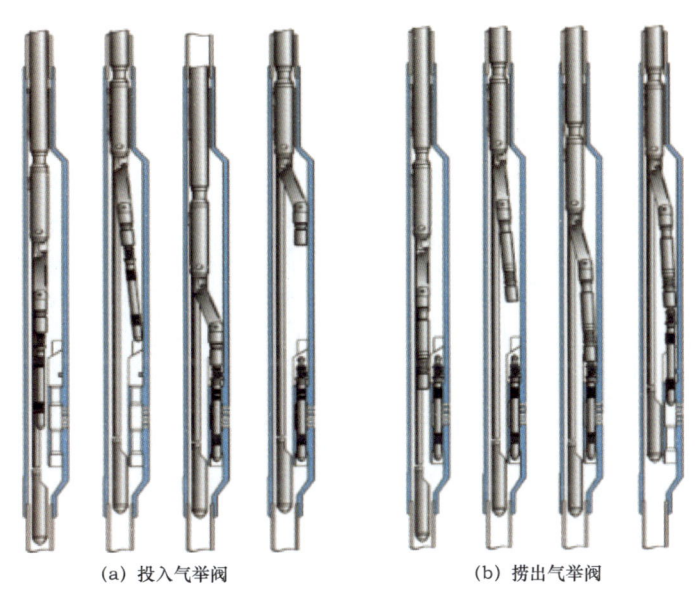

(a) 投入气举阀　　(b) 捞出气举阀

图2-14　气举阀投捞过程

五、开关井下滑套

滑套是一种井下流动控制装置，连接在油管上。开关井下滑套是通过钢丝作业下入位移工具，移动滑套的内套筒来关闭或连通油管与套管环形空间之间的通道。当内套筒的孔道对着滑套本体的通孔时，滑套处于打开状态；两者错开时，滑套关闭。滑套上部有工作筒，用于固定与滑套有关的井下流动控制装置；内套筒上下各有一个密封面，可与井下装置的橡胶密封圈配合起密封作用。

（一）关闭滑套操作

（1）选择合适型号的移位工具，将工具弹爪的90°台肩朝下，连接到钢丝作业基本工具上。

（2）下到关闭的滑套处，膨簧撑开弹爪，使其90°的台肩贴合到滑套内套筒下端90°台肩内；可以通过深度和地面钢丝张力下降来判断。

（3）移位工具的移位台阶抓住关闭套的下受力台阶后，拉开震击器，向下震击使内套筒向下移动，直到滑套完全关闭为止；一旦关闭套下行到下止点处，移位工具的弹爪

将在其前端导引下收缩，从下受力台阶处脱离。

（4）起出移位工具。

关闭井下滑套操作方法如图 2-15 所示。

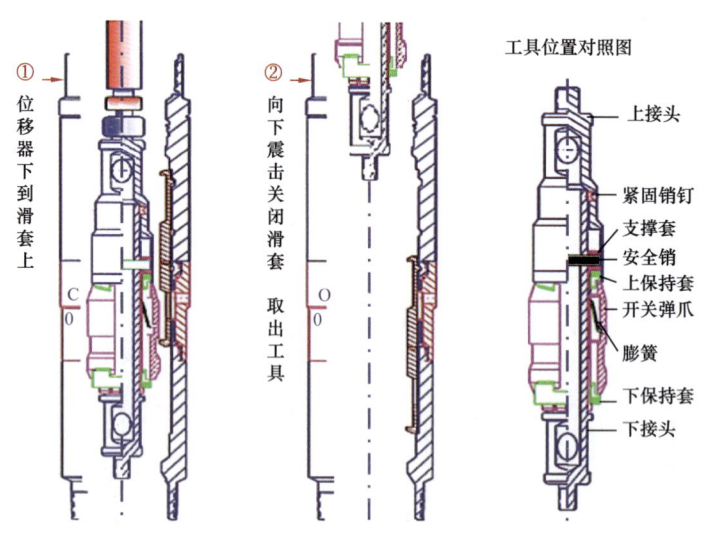

图 2-15　关闭井下滑套操作方法

（二）打开滑套操作

（1）将位移工具反向连接下入，过滑套前上提试探绞车钢丝拉力值。

（2）将工具稍微下过滑套一点距离，然后上提移位工具，一旦移位工具上的移位台阶抓住了关闭套上的上受力台阶后，向上震击移位工具数次，先使关闭套处于平衡位置，观察油管压力和套管压力变化情况，直到油管内外压力平衡。

（3）然后，继续向上震击移位工具数次，直到滑套完全打开为止；一旦关闭套上行到上止点处，移位工具上的移位台阶将自动从上受力台阶处脱离。

（4）起出移位工具。

（三）应急安全处理

一旦工具串被卡不能自由起出时，向上震击，剪断安全销钉后，"开关弹性爪"在上接头下端（套）的压迫下向内收缩，卡点脱离，然后，工具串即可自由起出。

第三章 | Chapter three

钢丝作业设备及钢丝

钢丝作业所需要的设备主要包括绞车、防喷系统、配套钢丝以及其他的辅助设备。

第一节 绞 车

绞车是用滚筒缠绕钢丝、电缆或钢丝绳以提升或下放悬挂物的收放设备,是钢丝作业的核心设备,具有通用性高、结构紧凑、体积小、重量轻、绕绳量大、使用转移方便等特点。

绞车由传动机构、支架壳体、滚筒、刹车机构、盘绳器和计量装置组成。绞车主要技术指标有额定负载、支持负载、绳速、容绳量等。

一、国内外绞车技术现状

（一）国外绞车技术现状

自 20 世纪以来,美国、法国和加拿大等国家在石油试井装备领域一直占主导地位。近几十年来,随着液压、电控和计算机等新技术的发展,这几个国家在石油试井设备领域广泛应用新技术,采用了电液比例控制器控制绞车的液压传动系统,绞车控制软件和界面设计也高度智能和人性化,绞车运行的各种参数设置都可以通过屏幕输入,而绞车的运行状态也实时显示在面板上；智能控制软件的模块还可以将绞车工作数据导出至电脑,以便于项目管理和分析；人性化设计的绞车操作舱提供了温馨舒适的工作环境。

作为试井设备制造业的领头羊,美国 NOV 公司一直主导着试井绞车设备的发展方向,其 K-WINCH 陆地、海洋、车载绞车系列产品牢牢地占据了国外几大油服公司的绞车市场,并占据了国内试井绞车的高端市场。

该公司形成了标准系列绞车产品,大力推进绞车结构的集装箱化和模块化；所有产品的零部件均实现标准化、模块化、可升级,可适应最严酷的作业环境,将高性能、效率和安全性结合为一体。其 ASEP Closed Loop 闭式液压系统,可实现对绞车的精准操控,满足重型投捞作业和复杂操作要求；绞车智能控制系统配套大尺寸触摸屏面板,能提供强大的安全功能和作业记录信息,具有滑轮磨损补偿、深度补偿、钢丝打滑校正、张力传感器多点校准、作业数据实时显示、事件记录查看、数据监测、系统设备运行参数记录、井压显示及记录、声光报警及自动停机功能；绞车操作舱舒适宽敞,配备符合人体工程学的控制装置,可实现远程操作并最大限度地减少操作员的疲劳。

该公司近年新推出了电驱动绞车，绞车更加可控，滚筒速度、扭矩和加速控制更精确灵敏，可编程控制震击动作及次数，可预先编程进行全自动作业，是新一代节能环保智能绞车装备，也是未来绞车技术发展方向。

（二）国内绞车技术现状

随着我国石油工业的快速发展，我国石油试井绞车生产厂家经过技术引进、消化吸收、自主研发等阶段，已得到了长足发展，积累了大量设计和制造经验，绞车制造能力和整体技术水平有了很大改进和提高，近年来随着水平井、特殊工艺井以及深井、超深井勘探开发技术的发展，对绞车设备提出了更高的要求。为了适应生产现场需要，国内生产厂家设计制造了功率更大、性能更完备的试井绞车，基本能满足陆上油气田用户钢丝测试作业需求，但高端、智能化程度较高以及海洋作业平台上使用的试井绞车仍然基本依靠进口。

目前国内部分试井绞车生产厂家已形成自主研发和生产钢丝作业专业设备的能力，可以设计制造全液压试井车、多功能试井车、电驱动试井车等，在动力配置、最大提升力、起升速度、作业深度等参数上与国外相差无几，但仍普遍存在以下问题：

（1）受限于动力参数和驱动方式设计，无法满足超深井重载投捞作业需求；

（2）操控灵敏性不够、无法精准满足投捞作业所需的精细操作要求；

（3）控制系统、计量装置、盘绳装置准确性、稳定性、可靠性有待提高；

（4）相关规范标准未完全和国际接轨，普遍没有取得防爆生产资质，不能满足石油天然气生产现场防爆要求；

（5）人性化设计和加工制造工艺水平以及安全性与舒适性配置需要提高。

纵观国内钢丝绞车制造业，经过近 70 年的发展，制造能力和整体技术水平有了很大的提高，但与欧美发达国家比较，仍有不小差距，主要体现在以下几个方面：一是行业整体专业化程度低，国内多数厂家为组装企业，具有研发实力和核心技术的龙头企业较少，研发投入相对不足，没有形成满足不同用户需求的差异化系列产品；二是产品模块化、标准化设计程度较低；三是自动化、智能化水平需要进一步提高；四是缺乏有针对性的个性化、特色化设计；五是一些重要的部件，如液压泵、液压马达、大功率减速器、关键电器元件基本依靠进口。

钢丝作业专业设备制造水平的持续提高，尚需行业加大投入和创新研发力度，需要整合机械、液压、控制、电子、计算机、软件、工业设计等多个学科，相信随着液压核心技术和控制技术方面的突破，国产绞车一定会在国际高端市场占有一席之地。

二、绞车工作原理

绞车工作原理如图 3-1 所示，动力源将自身能量以转速的形式传递给绞车变速传动系统，变速传动系统根据绞车所要执行的动作和方向将速度调整到合适范围传递给滚筒，滚筒通过钢丝最终完成试井仪器的提升和下放。在这一运动转换过程中，如果需要停车，则通过刹车系统来实现。

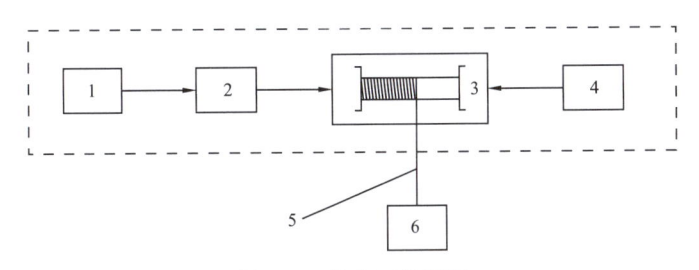

图 3-1 绞车工作原理

1—动力源；2—变速传动系统；3—滚筒；4—刹车系统；5—钢丝；6—试井仪器

三、绞车的分类及技术参数

（一）绞车的分类

绞车按运移方式分为车载绞车和橇装绞车；按传动形式分为机械传动、液压有链条传动和液压无链条传动三种；按绞车布置结构分为单滚筒、同轴双滚筒、前后双滚筒三种形式；按最大作业深度，可以将绞车分为3500m、5000m、7000m和10000m四个系列，使用者可以根据井深选择对应系列绞车。

无论是车载绞车还是橇装绞车，国内外生产厂家根据设备功率、用途、功能以及使用范围，均有多种型号的产品供用户选择，陆上油气田作业多采用车载绞车，海上作业由于作业空间及设备运移要求，大多采用橇装绞车。

1. 车载绞车

车载绞车通常称为试井车或钢丝车，如图3-2所示。一般采用商用汽车底盘加装封闭式车厢，配置不同类型绞车并集成作业所需工具及附属设备，绞车动力由汽车发动机提供，其特点是机动性能好、运移方便。由客车底盘改装的车载绞车设计有多个乘员位置，作业人员可随车到达作业现场，是陆上油气田广泛应用的钢丝作业装备。

经过长期的发展，目前国内外厂家均可实行用户定制模式，可根据用户需求、预算量身定做各个绞车系统。近年来车载绞车的另一个发展趋势为一站式试井车，就是集成了吊车等作业设备，常规试井作业可以一部车完成，不需要其他辅助车辆。

图 3-2 车载绞车（试井车）

2. 橇装绞车

橇装绞车按主要结构分为开放式和集装箱框架式，橇装结构一般分为两类：一类为分体式橇装绞车（图 3-3），即动力部分和绞车部分为两个单独的橇。动力橇部分由柴油机（或电动机）和液压油泵组成，为绞车提供动力源。另一类是一体式橇装绞车（图 3-4），即动力部分和绞车部分集成到一个橇，所有功能相对集中，功能齐全，运输、使用方便。橇装绞车体积小、重量轻，适合海上平台及作业空间受限的场所作业。与车载绞车不同的是，橇装绞车的运移和安装需要运输及吊装设备。

图 3-3　分体式橇装绞车

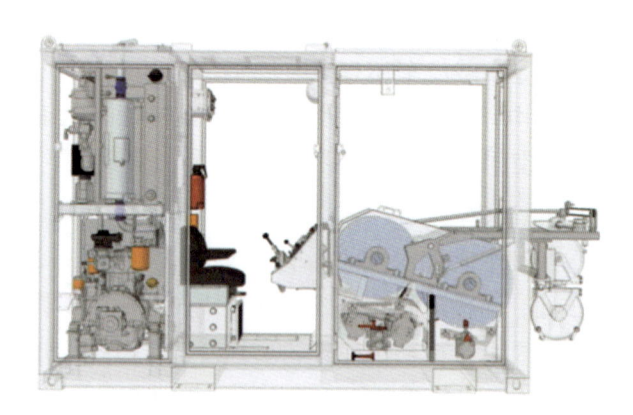

图 3-4　一体式橇装绞车

（二）绞车型号表示方法

国产车载绞车和橇装绞车按 SY/T 5079—2014《油井测试设备》的规定，车载绞车型号的表示方法如下：

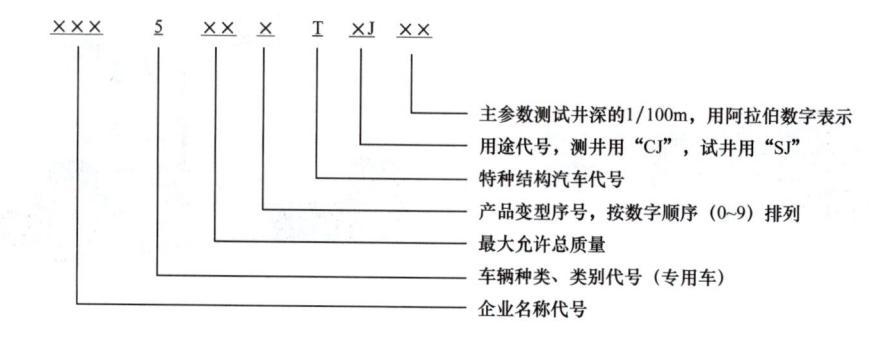

```
×××   5××   ×   T   ×J   ××
```

- 主参数测试井深的 1/100m，用阿拉伯数字表示
- 用途代号，测井用"CJ"，试井用"SJ"
- 特种结构汽车代号
- 产品变型序号，按数字顺序（0~9）排列
- 最大允许总质量
- 车辆种类、类别代号（专用车）
- 企业名称代号

示例：某企业生产的车载绞车，最大允许总质量：20t，第二次设计，试井深度为7000m，型号表示为：×××5201TCJ70。

橇装试井设备型号的表示方法如下：

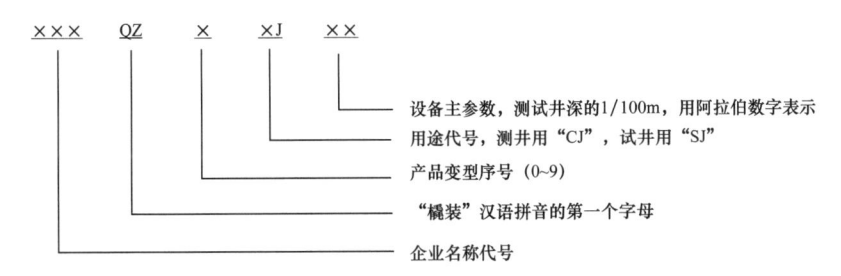

```
×××  QZ  ×  ×J  ××
                    └── 设备主参数，测试井深的1/100m，用阿拉伯数字表示
                └────── 用途代号，测井用"CJ"，试井用"SJ"
            └────────── 产品变型序号（0~9）
        └────────────── "橇装"汉语拼音的第一个字母
└──────────────────── 企业名称代号
```

示例：某企业生产的橇装试井设备，试井深度为6000m，第三次设计，型号表示为：×××QZ2SJ60。

（三）绞车技术参数

绞车提升载荷能力、提升速度和滚筒容绳量是车载绞车的主要技术参数，SY/T 5079—2014《油气井测试设备》规定了国产绞车技术参数（表3-1）。

表3-1 绞车基本参数表

序号	项目名称	基本参数						
1	钢丝直径，mm	2.2、2.4、2.6、2.8、3.0、3.2、3.5						
2	试井深度，m	2500	4000	6000	7500	10000	12000
3	滚筒容量（ϕ2.4mm钢丝），m	2700	4200	6200	7700	10300	12400
4	钢丝最高起下速度，m/h	21600					
5	最大提升能力 kN — ϕ2.2mm，ϕ2.4mm，ϕ2.6mm 钢丝	6.5			10		
5	最大提升能力 kN — ϕ2.8mm，ϕ3.0mm 钢丝	10			13		
5	最大提升能力 kN — ϕ3.2mm，ϕ3.5mm 钢丝	13			15		

注：表中最大提升能力指滚筒缠绕第一层。

四、钢丝作业工艺对车载绞车的要求

根据车载绞车的功能和特点，一般来说，钢丝作业工艺对绞车要求如下：

（1）车载绞车虽然是油气田作业用车，但须在作业地和基地间运移，产品必须通过国家车辆强制认证并申报目录。

（2）为了提高车载绞车的可靠性，各个关键部件设计时必须充分考虑可靠性原则。

（3）为保证在作业过程中绞车处理复杂情况及事故的能力，要求绞车各零部件在满

足强度、刚度要求前提下，绞车系统要有足够的功率。

（4）为了满足起升重量的变化及提高功效，绞车应有较大的变速调节范围或足够的起升档数。

（5）为了满足作业深度的要求，绞车滚筒应有足够的强度和容绳量。

（6）绞车应有灵敏可靠的刹车系统，以便刹住各种工况下的最大载荷，准确调整起升和下放速度，绞车还应该具备匀速起下钢丝和井下工具、仪器的能力。

（7）应配置灵敏可靠的计量装置，准确显示、记录作业过程中钢丝的深度、速度、张力以及工具仪器的重量等参数。

（8）绞车的控制部分应操作方便，性能安全可靠。

五、车载绞车的结构及功能

车载绞车的类型多种多样，其主要构成有以下几个部分。

（一）汽车底盘

运载底盘的主要功能有两个：一是作为整个设备的载体，装载并运移油气井测试绞车、钢丝、仪器及其他配套设备；二是在作业中为绞车提供动力，保证工具、仪器的正常提升或下放。

（二）车厢

车厢是在商用汽车底盘的基础上改造的，一般按驾驶室、操作室、绞车室的形式布置，车上安装有油气井测试绞车、液压系统、钢丝计量装置、操作台、电控箱、仪器架、防喷管架、挡绳架等装置。

（三）取力系统

取力系统主要将汽车底盘发动机输出的动力经取力器、传动装置传递给液压油泵，驱动液压系统工作。

（四）传动系统

传动系统主要将取力系统输出的动力传递给绞车系统。

（五）绞车系统

绞车系统主要包括液压系统、滚筒、滚筒架、刹车等部分。液压系统主要用于将发动机输出的动力转变为滚筒驱动力；滚筒的作用是缠绕钢丝并且作为执行元件在作业时承受各种载荷；滚筒架作为滚筒的支撑件，其作用是将滚筒牢固地固定到绞车室地板上；刹车的作用是保证滚筒在解除动力后能够及时停车，避免作业事故的发生。

（六）气路系统

气路系统以汽车底盘备用储气罐为气源，能够为仪器压紧装置、绞车换挡控制以及取力器换挡等机构提供气源。气路系统主要包括减压阀、气路开关、换挡气缸、取力器控制阀、滚筒离合器控制阀、气压表、气路管线和接头等。

（七）电气系统

电气系统主要是底盘直流电系统，能够为行车照明、车内照明、车载空调、发动机水暖风机、车载电器、钢丝测量系统等用电设施提供电源。根据汽车底盘结构及用户要求，油气井测试作业车也可配装车载交流发电机或设置外接电源插座，为车上提供交流电源。

（八）测量系统

测量系统主要用于测量绞车钢丝的运动速度（仪器的起下速度）、仪器的下井深度、钢丝张力等参数，并且具有显示、报警、调节和控制等功能。测量系统主要包括钢丝测量头、机械计数器、智能计量面板等部分。

六、绞车系统结构

绞车系统由绞车机架、滚筒、液压马达、液压传动机构、刹车系统、排绳机构、计量装置和操作面板组成。如图 3-5 所示。

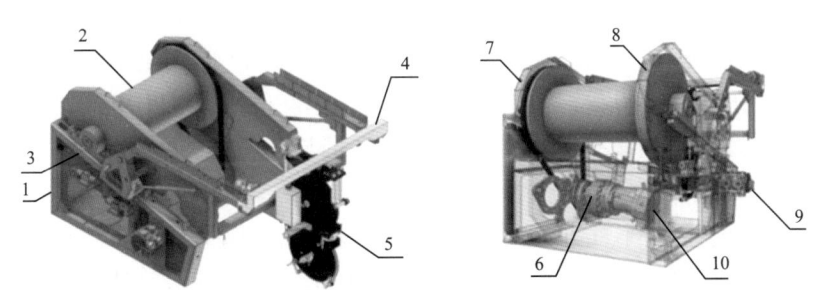

图 3-5 绞车系统结构
1—绞车机架；2—滚筒；3—滚筒轴；4—排绳机构；5—测量头；6—液压传动机构；
7—驱动链条；8—刹车系统；9—液压阀；10—液压马达

（一）绞车机架

绞车机架主要用于承载滚筒，由钢板和矩管等焊接而成，滚筒通过轴承座固定在绞车机架上。绞车机架承受较大负荷，而行车中的颠簸又增加了绞车的冲击载荷，故应经常检查绞车机架的焊缝有无开裂，固定机架螺栓是否松动，如有问题应及时检修。

（二）刹车系统

刹车机构用于控制滚筒的下放速度和停止滚筒运动，是控制机构中最关键的部件之一，是整个绞车系统的安全保障。根据用户配置的不同，刹车操纵机构主要有机械刹车和气动刹车两种形式，机械刹车具有结构简单、维修方便等优点，操作时拉起在操作台上的刹车手柄即可。手动带式刹车机构如图 3-6 所示。

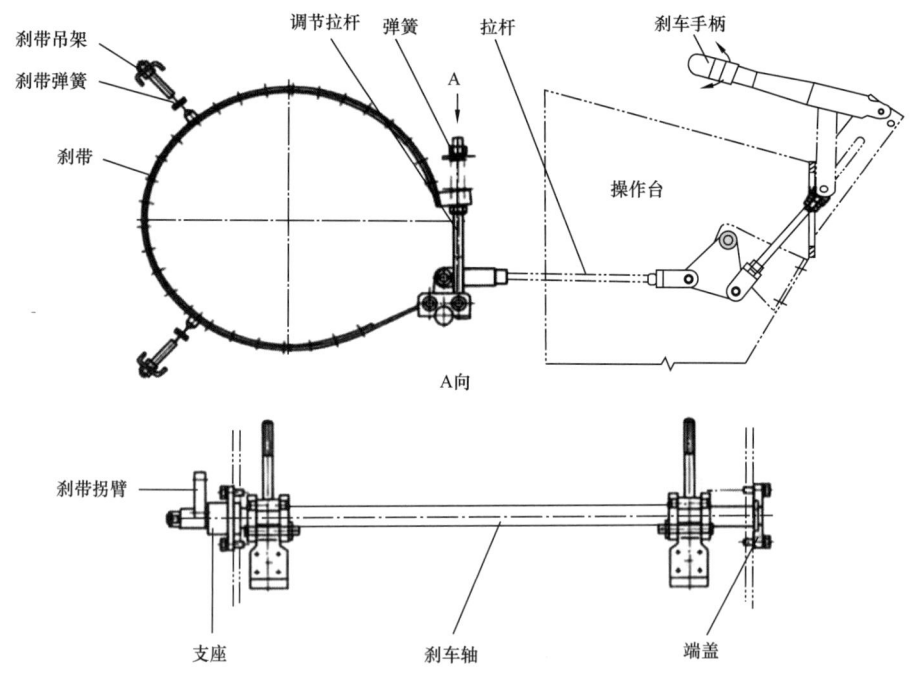

图 3-6 手动带式刹车机构示意图

刹车机构主要由刹带吊架、刹带、刹车轴、调节拉杆和刹车操纵机构等零部件组成。刹车手柄上的旋钮可以微调刹车的松紧，刹带与刹车毂的间隙大小可通过调整刹带吊架的弹簧松紧来实现，当刹车处于松开位置时，刹带与刹车毂的间隙在2~3mm范围内，同时，应保证刹带与刹车毂的间隙大小一致。

气动刹车系统包括刹车气缸、刹车手柄阀和刹车按钮阀等部件。刹车气缸由装在操作台上的刹车手柄阀控制，手柄转动角度越大，刹车气缸的推力就越大。在滚筒起下过程中，均应使用手柄阀控制绞车刹车，刹车按钮阀只在作业过程完毕及气路故障的情况下使用。气动刹车具有操作省力、结构复杂等特点。推动刹车手柄阀刹车时，需先将控制油泵的控制手柄拨回中位。

刹车气缸为双气室膜片式气缸，结构如图3-7所示。气缸具有进气制动和排气制动两个功能，其工作原理如下：在非制动状态下，a腔气压为零，从刹车按钮阀来的压缩空气通过进气口进入b腔，使活塞克服制动弹簧的弹力后移，制动气室处于解除制动状态，即气缸推杆处于行程为零的位置。短时间刹车时，推动手柄制动阀手柄，压缩空气通过手制动阀和气缸进气口进入a腔，使膜片推动推杆前移，刹带拉紧，滚筒制动，松开刹车阀手柄，手柄自动回位。刹车阀为单向调压阀，手柄行程越大，作用于膜片和推杆上的推力越大，故操纵该阀可以调节刹车力大小，并由此来控制滚筒下放速度；长时间刹车时，按下刹车按钮，b腔中的压缩空气经接口全部排出，制动弹簧推动活塞和推杆前移，刹带拉紧，滚筒制动。操纵刹车按钮可迅速释放b腔内压缩空气，达到迅速制动的目的，故此按钮也称紧急刹车按钮，只有在紧急情况下才可使用该按钮刹车。

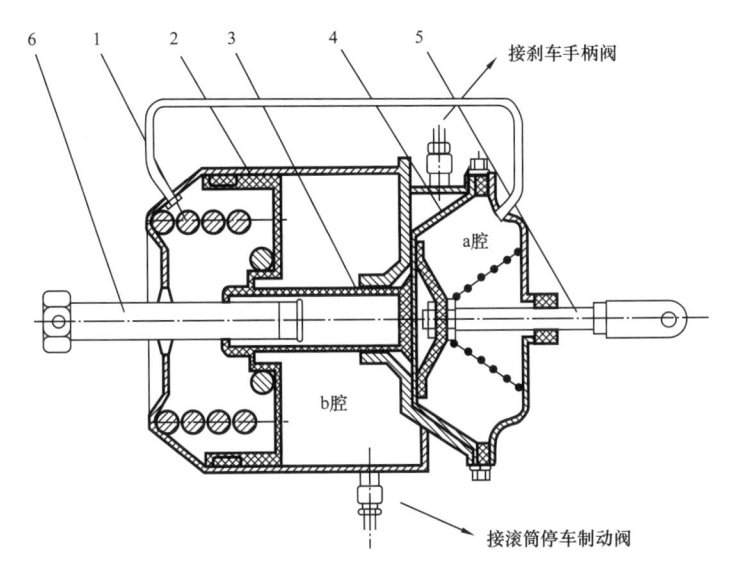

图 3-7 刹车气缸结构
1—制动弹簧；2—活塞；3—推杆；4—膜片；5—推杆；6—解除制动拉杆

绞车刹车机构在出厂时已调节完毕，在长期使用过程中，由于刹带磨损和连接件间间隙增大等原因，刹带与刹车毂之间的间隙会增大，应适时调整拉杆和吊架弹簧，保证刹带与刹车毂之间的间隙在 2～3mm 范围内。

（三）滚筒

滚筒是绞车系统的主要部件，通过滚筒的旋转，将试井钢丝缠绕在滚筒上，用于提升和下放仪器。滚筒的转向、转速由操作台上的滚筒控制器来控制，滚筒控制器操作手柄离开中位越远，滚筒转速越高。

滚筒转速还与发动机的转速有关，发动机转速越高，滚筒转动越快。通常滚筒缠绕直径小时用较高速度，滚筒缠绕直径大时用较低速度。操作过程中应随时观察深度、速度和指重表的变化，以便做好应急停车刹车准备。

滚筒筒身直径应大于所缠绕钢丝的最小弯曲直径，一般应不小于 300mm，超深井作业时，要保证仪器下到预定深度时，滚筒上至少留有最后两层钢丝。

滚筒总成结构如图 3-8 所示。

（四）液压系统

液压系统主要用于将发动机输出的动力转变为滚筒驱动力，液压系统主要包括液压油泵、液压马达、系统调压阀、换向阀、安全溢流阀、液压散热器、液压油箱、滤油器、系统压力表、补油压力表及各种液压管线、接头等。液压驱动绞车具有安全性好、起动扭矩大、低速稳定性好、噪声小、操作可靠、过载保护、冲击防护、防爆等特点，是目前国内外应用最广泛的钢丝绞车。

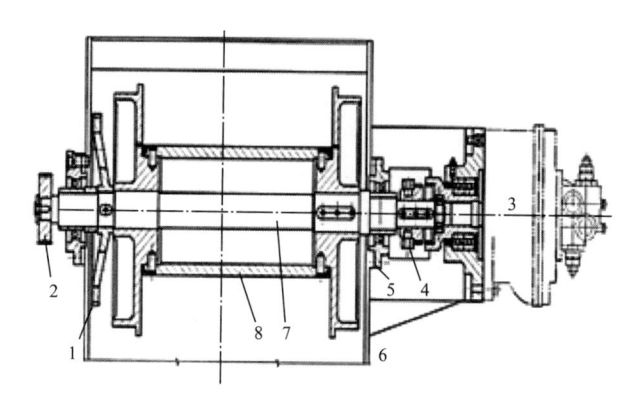

图 3-8 滚筒总成结构

1—手摇机构大齿轮；2—自动排绳机构小齿轮；3—液压马达；4—滚筒离合器；5—轴承；
6—绞车机架；7—滚筒轴；8—滚筒

液压绞车以液压油作为其工作介质，通过液压泵把动力源（如电动机和内燃机等）的机械能转换成液体的压力能，驱动液压马达运转带动滚筒转动，从而实现钢丝的收放。绞车液压传动分为开式液压系统和闭式液压系统。

1. 开式液压系统

开式液压系统是通过改变动力机的转速控制液压泵的转速，进而改变泵的排量来控制液压马达的输出速度，通过换向阀改变马达的转向，从而控制钢丝的下放和上提。

在开式液压系统中，液压泵从油箱吸油后，将油通过液压方向阀换向后送至液压马达，油流再从马达回到液压油箱，图 3-9 所示为一个典型开式回路。开式液压系统采用单向液压泵，用液压方向阀控制马达旋转方向，通过变量泵控制方式、变量马达控制方式或比例方向阀控制方式控制钢丝滚筒的旋转速度。采用该回路的液压系统结构简单、造价低，但其传动不平稳，速度波动大、噪声大，而且传动介质易被污染和氧化。

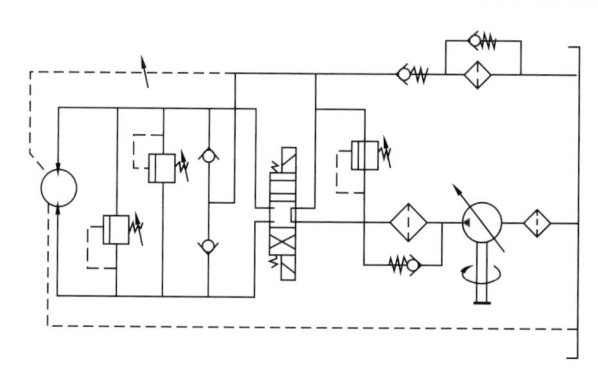

图 3-9 开式液压系统工作原理

2. 闭式液压系统

闭式液压系统一般采用双向变量液压泵，通过泵的变量改变主油路中油液的流量和方向，控制绞车滚筒旋转的变速和换向。在闭式回路中，液压泵和液马达的工作回路内双向补油。双向变量油泵和一个两极变量马达组成的典型闭式回路如图 3-10 所示。

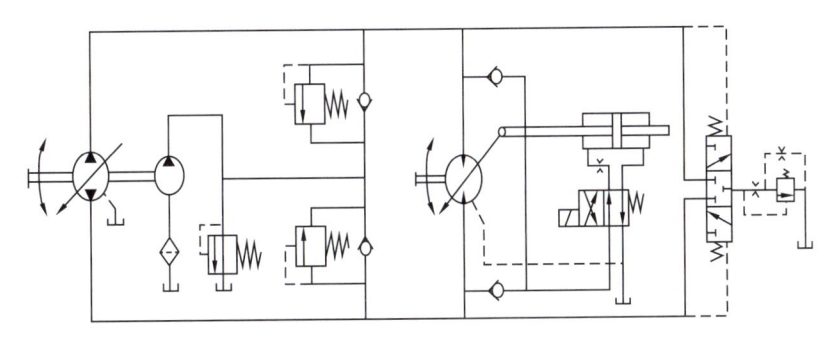

图 3-10 闭式液压系统工作原理

闭式液压系统主泵通轴串联一小排量补油泵，用于向主回路补油和控制主泵变量。

在常规闭式系统中，主路溢流阀、限压阀和补溢流阀均集成于主油泵，冲洗冷却阀组集成于马达。绞车滚筒的旋转方向和转速由液压泵液流方向和流量决定，绞车滚筒的旋转方向和转速由液压泵液流方向和流量决定，即由液压泵的斜盘角度、排量决定。操纵设在操作台上的控制手柄使油泵伺服油缸活塞位置发生变化，推动油泵斜盘偏转一定角度，使油泵输出流量和方向发生变化，从而改变滚筒转速和转向。控制器手柄在中位时，油泵斜盘处于中位，油泵不向马达供油，滚筒不转动。控制器手柄向"下放"位置推动，滚筒放出钢丝，手柄向"提升"位置推动，滚筒回收钢丝，手柄离开中位越远，油泵排量越大，滚筒转速越快，如图 3-11 所示。

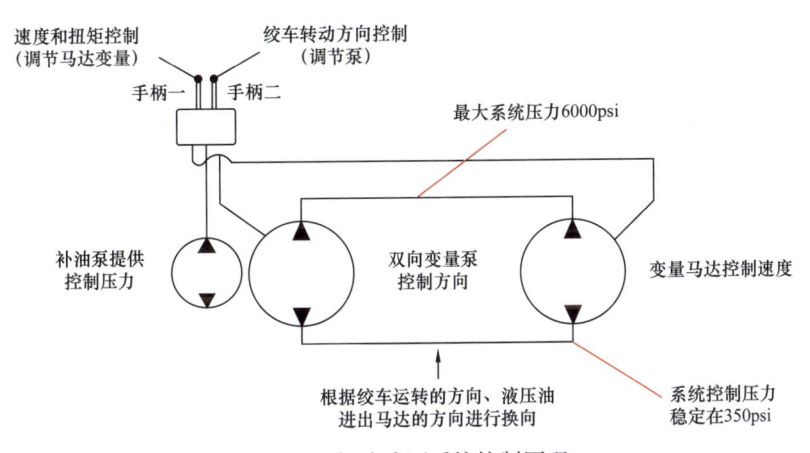

图 3-11 闭式液压系统控制原理

采用闭式回路的液压系统可实现无级变速，具有传动平稳、速度稳定、过载保护、换向简单、操纵轻便、效率高等优点，但造价偏高，维修不方便。

（五）排绳机构

绞车的排绳机构是保证绞车正常运转的关键部件，在钢丝作业中起着非常重要的作用。通过排绳机构的周期往返运动，能够使钢丝有规律地一层一层缠绕在滚筒之上，从而避免多层缠绕时钢丝乱卷、起堆、互相挤压、咬丝等现象的出现，保证作业时能够顺利地进行钢丝收放工作。目前，应用在钢丝绞车设备上的排绳机构主要有双向丝杠排绳

器和液压悬臂排绳器装置两种。

1. 双向丝杠排绳器

双向丝杠排绳机构有自动排绳和手动排绳两种方法，可根据用户要求配置。双向丝杠排绳器主要由双向丝杠、光杠、导向滑块和滑移装置等部分组成。双向丝杠上刻有牙型、螺距相同的双向螺旋槽，螺纹呈菱形；双向螺旋槽在丝杠的两个设定端重合封闭，使嵌入在丝杠螺旋槽中的导向滑块能在行程的端部自动反向移动。该排绳器在滚筒与丝杠间设计了固定传动比的减速装置，当滚筒转动时，滚筒通过减速机构带动双向螺旋丝杠旋转，从而带动滑移装置沿光杠和双向丝杠轴向运动。滑移装置上安装有计量装置，而钢丝夹于计量装置中，这样便迫使钢丝随着滚筒转动左右运动。当钢丝在滚筒上缠绕一圈后，滑移装置带动钢丝相应沿滚筒轴向移动一个钢丝直径步长，实现整齐排绳的目的。

安装在排绳机构主体上的是钢丝测量头，钢丝测量头将信号传递到测量面板上，测量面板可显示仪器的下井深度和钢丝对滚筒的拉力，此外，排绳机构主体上还配有机械计数器，可进行机械测深。

自动排绳机构结构如图 3-12 所示。

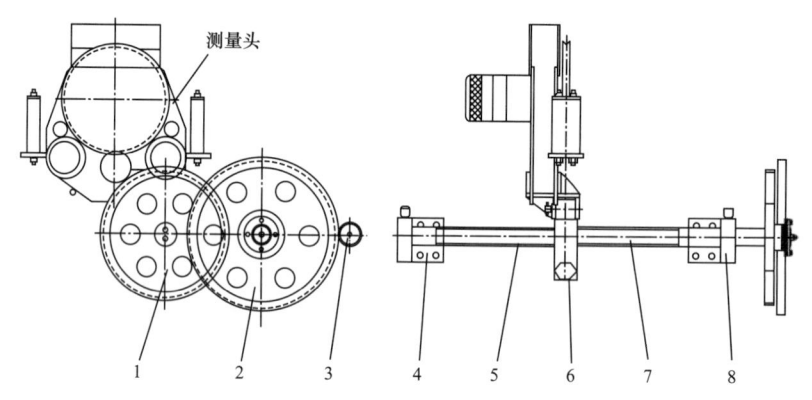

图 3-12　自动排绳机构结构示意图

1—大齿轮；2—双联齿轮；3—小齿轮；4—右支座；5—光杠；6—主体；7—丝杠；8—左支座

2. 液压悬臂排绳器

液压悬臂排绳器主要由排绳架和开式液压排绳系统两部分组成，如图 3-13 所示。齿轮油泵 2 串接在绞车液压系统主泵后端，通过滤油器 1 从油箱中吸取油液，提供液动力。液控先导手柄 5 有前、后、左、右 4 个工作位置，在中位时，油口 1、油口 2、油口 3 和油口 4 与 T 口相通，排绳摆动油缸 6 的油口 3 和油口 4 与油箱相通，油缸在电缆的外力作用下，可以自由活动，实现自由排绳。在需要手动排绳时，将液控先导手柄 5 置向相应的工作位置即可，由于是比例先导，所以手柄的角度与流量输出有关，手柄角度越大，油缸的运动速度越快。排绳举升油缸 7 受液控单向阀 9 的作用，不能自由下降，使排绳架保持在需要的位置，蓄能器 8 使排绳架具有柔性。当作业完毕后，可采用单向节流阀

10来调节排绳架的下降速度。卸荷溢流阀3的作用是当蓄能器4充压达到设定值后,使齿轮油泵2卸荷,避免溢流损失,同时能使排绳平稳,并在停车状态下使用排绳。

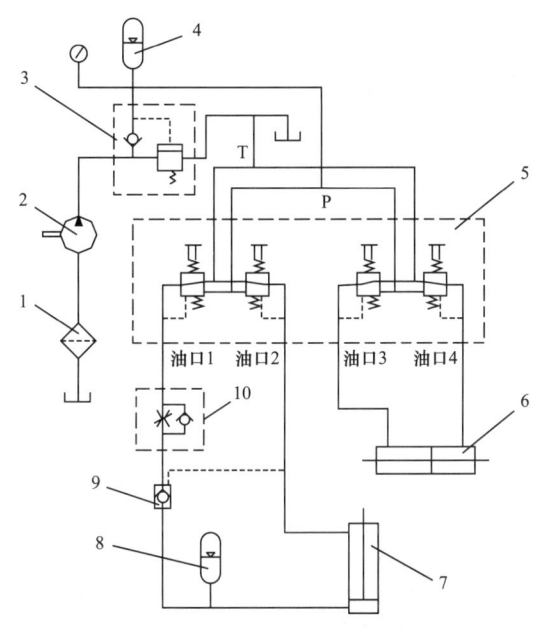

图 3-13 液压悬臂排绳系统原理图

1—滤油器;2—齿轮油泵;3—卸荷溢流阀;4—蓄能器;5—液控先导手柄;6—排绳摆动油缸;
7—排绳举升油缸;8—蓄能器;9—液控单向阀;10—单向节流阀

该排绳器的主要优点有:

(1)可以在不改变绞车机械部件的条件下,使得绞车能够适应不同直径的钢丝,大大提高绞车的使用性能。

(2)由于采用液压控制,排绳方式适用和应用范围大,操作灵活,易于调整。

排绳器的不足之处:结构较复杂,占用空间大,不适合一些安装空间狭小的工作环境。

(六)测量系统与控制面板

测量系统的功能是对仪器(钢丝)的起下速度、下井深度和钢丝张力等参数进行测量记录,并在张力过载时报警和进行控制等。主要由安装在排绳器上的测量头和安装在操作台上的测量面板组成,可测量、显示、设定钢丝的下井深度和钢丝对滚筒的拉力,测量系统具有机械深度、电子深度、电子张力、张力差、安全报警等功能,操作方便可靠。测量系统包括测量面板、测量头、机械计数器、传动软轴、电信号传输线以及附件等。绞车操作面板装有钢丝张力表(指重表)、深度计数表、动力源各仪表、数显面板和操作手柄等。不同厂家生产的绞车控制面板布局形式有所不同(图 3-14)。

国产试井车的操作面板包括数据采集器、存储器和显示面板。其中,数据采集器用于采集测试参数,包括测试工具所处的深度、测试工具下放的速度和悬挂测试工具的连

接部件所受的张力值;存储器与上述数据采集器通信连接,存储器用于存储数据采集器采集的上述测试参数;显示面板与上述数据采集器通信连接,显示面板用于显示数据采集器采集的测试参数。

(a) 国产 　　　　　　　　　(b) 进口

图 3-14　绞车控制面板

各个厂家产品计量系统最主要区别为结构形式不同,有直通式计量系统和缠绕式计量系统两种(图 3-15),直通式计量系统可以有效减少钢丝绳弯曲疲劳和磨损,但是计量精度较缠绕式计量系统低。缠绕式计量系统计量精度高,安全可靠,但对钢丝的磨损要大于直通式计量系统。两种设计各有优劣,用户可以根据自身需要进行选择。

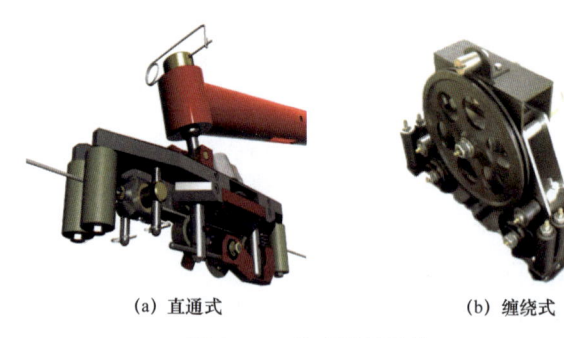

(a) 直通式　　　　　　　　(b) 缠绕式

图 3-15　绞车计量系统

七、绞车技术发展趋势

钢丝绞车是油气田试井装备的重要组成部分,是先进技术的载体。随着试井技术的发展,需要先进的装备与之配套,从而提高作业效率和安全可靠性,降低成本。因此,绞车的研发也由单纯的机电产品向集机电液一体化、光电一体化等技术为一体的多学科相互渗透的高新技术转变,传感技术、机电液一体化技术、电信技术、自动控制技术、遥控技术、互联网通信和人工智能等技术等将会在钢丝绞车上得到应用,使之成为一种能与先进试井技术相匹配的高新技术综合体;产品智能化程度将不断提高,实现可编程控制的绞车无人化作业;随着钻井装备技术的发展 10000m 和 12000m 钻机相继问世,为了满足深井和超深井的作业要求,研发超深井钢丝绞车也是今后发展的必然趋势;为了增加设备的互换性及产品性能的稳定性,并节约生产成本,绞车必将向系列化、标准化和模块化方向发展;新型绞车应充分体现以人为本的思想,最大限度地满足 HSE 要求,采用更为人性化的设计,选择新能源、新材料,降低噪声或采用远程控制技术,保证员工健康,增强产品安全环保特性。

第二节 防喷系统

钢丝防喷装置，又名井口防喷装置。在钢丝作业技术中，它承担着密封井口压力，使得井下介质不外溢，同时使钢丝能够顺畅通过，其重要性不言而喻。依据钢丝防喷装置各部件的具体功能，大致可以分为防喷盒、防喷管、防喷器与变扣法兰等，如图3-16所示；另外，根据压力等级、内径尺寸和材质可分为不同型号与类型。

一、防喷盒

防喷盒的用途是进行钢丝作业时密封井内压力，让钢丝能自由通过但高压液体、气体不能通过的防喷装置。其基本结构如图3-17所示，分为普通防喷盒和液压防喷盒。

（一）普通防喷盒

普通防喷盒也称为手动控制防喷盒（图3-18），通过手动拧紧密封圈压紧螺母，起到密封井内高压气体或液体的作用，其本体上部装了一个能360°旋转（使滑轮自动对准绞车的方向）的带护板的滑轮，滑轮能保证钢丝进入顶部密封压盖的中心。

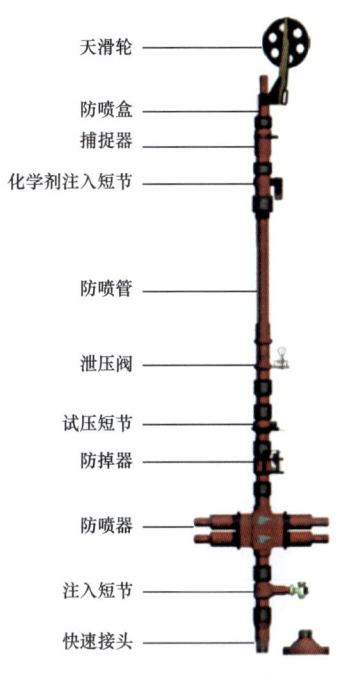

图3-16 防喷系统示意图

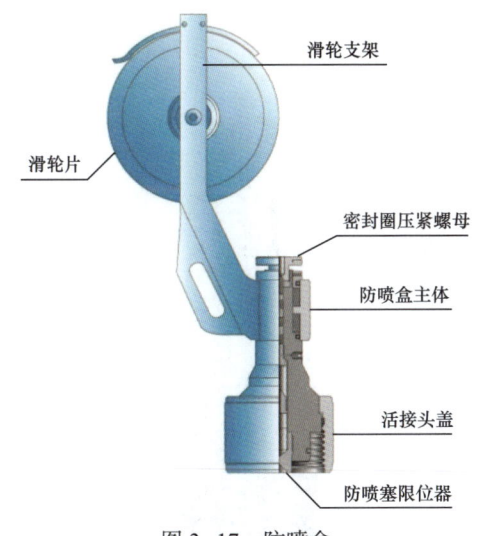

图3-17 防喷盒

图3-18 手动控制防喷盒

滑轮护罩一方面可以防止正常钢丝作业时钢丝跳槽，另一方面当钢丝从地面突然断裂落井时，滑轮护板有可能挂住钢丝，防止落井事故发生。

滑轮直径主要有304mm（12in）、392mm（16in）和508mm（20in）三种。2.74mm

（0.108in）及以下直径的钢丝使用304mm（12in）滑轮；3.18mm（0.125in）及以上直径的钢丝使用392mm（16in）滑轮，但3.56mm（0.140in）及以上直径的钢丝需使用508mm（20in）滑轮。

防喷盒内部的防喷滑动塞（底托）上端抵在带螺纹的密封套上，当钢丝断裂落井时，井内高压流体会使滑动塞利用自身的胶皮变形可自动将井内流体封住。井内压力越高，滑动塞的形变越大，密封效果越好。还可通过防喷盒上的泄压阀放掉压力后，就可以在带压情况下，更换上部密封圈。

通过上部的密封圈压帽可以调整压帽对钢丝的松紧度，并利用压帽上的小量油杯开口，滴落机油介质用以润滑钢丝的同时又防止胶皮密封圈的磨损。

（二）液压防喷盒

液压防喷盒主要由主体、活塞、铜塞、胶皮和密封圈所组成，如图3-19所示。当手压泵向防喷盒泵送液压油或机油时，活塞向下移动，推动铜塞压紧橡胶密封圈，使其膨胀后密封井内压力。液压防喷盒压帽可接在普通防喷盒上部替换手动压帽，它与标准的防喷盒连接非常容易，只需将防喷盒上的止动螺帽和密封圈压帽卸下，装上液控密封圈压帽，即可使手动防喷盒变成液压防喷盒。可从地面通过手压泵和液压软管便捷地调节密封圈的松紧，不受高度限制。

1. 结构组成

液压防喷盒用于在钢丝起下过程中，实现井内压力的动密封。主要由本体、活塞、液压缸、上下钢丝导向装置、锁紧螺母、柱形防喷盒及填料等组成，如图3-20所示。

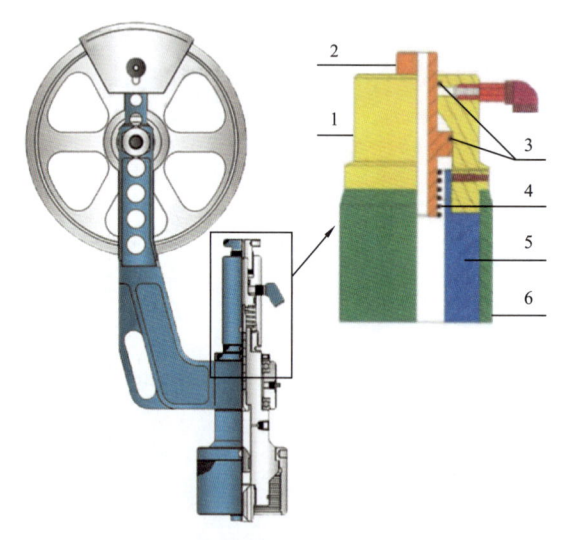

图3-19　液压防喷盒及压帽
1—外壳；2—O形密封圈；3—活塞；4—弹簧；
5—防喷盒内体；6—防喷盒本体

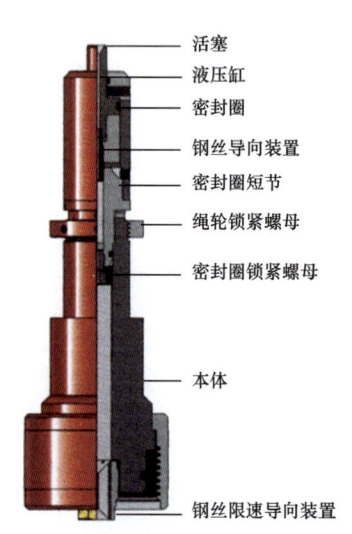

图3-20　70MPa液压防喷盒
结构示意图

2. 工作原理

通过手压泵给活塞加压，活塞向下压缩复位弹簧，从而带动上钢丝导绳器向下挤压柱状密封圈，柱状密封圈抱紧钢丝，钢丝通道被密封圈填充而变小或者完全被填充，实现钢丝动密封和静密封。当手动泵释放压力时，液压油流回手动泵，复位弹簧压力释放而伸长，迫使活塞、上钢丝导绳器向上运动，从而释放柱状密封圈上的压力，柱状密封圈因弹性恢复钢丝通道。

液压防喷盒底部装有防喷塞和防喷塞压帽。防喷塞上端抵在下钢丝导绳器上，在钢丝断裂冲出防喷盒时，防喷塞在节流压差作用下变形封堵钢丝通道，阻止井内流体喷出，紧急封住井口。

作为安全装置，105MPa 等级以上防喷盒通常设计有球形单向阀，用于在紧急情况下控制井压。球形单向阀位于钢丝防喷盒的底部，直接拧在阀体上。单向阀球位于球阀外筒上，当钢丝穿过球阀时，单向阀球被迫移向外筒一侧，如图 3-21（a）所示。如果移除钢丝，液体溢出的速度会将单向阀球向上、向内推动并密封在球座上，从而有效阻止所有流体流出防喷盒，如图 3-21（b）所示，井内压力会使单向阀球保持稳定，压力越大，密封越紧。

注脂短节（注脂头）用于维持静态或动态状况下钢丝周围的密封，通过向流管内径和钢丝外径之间的环形空间泵送黏性密封脂来实现，防止井筒内有害液体或气体泄漏，从而避免环境污染和人员伤害。除了用于密封，密封脂还能润滑钢丝，以尽量减少摩擦。

注脂短节由通过流管耦合器相连的两根或多根流管和套筒组装，如图 3-22 所示。带单流阀的注入头安装在注脂短节下部只允许密封脂进入，并沿钢丝方向反方向流动，密封脂回流阀安装在注脂短节上部，并保证密封脂能回流过最后一根流管。

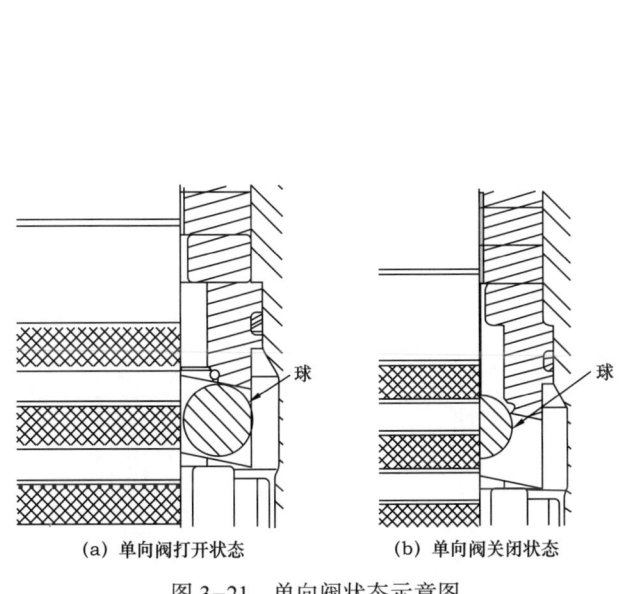

图 3-21 单向阀状态示意图

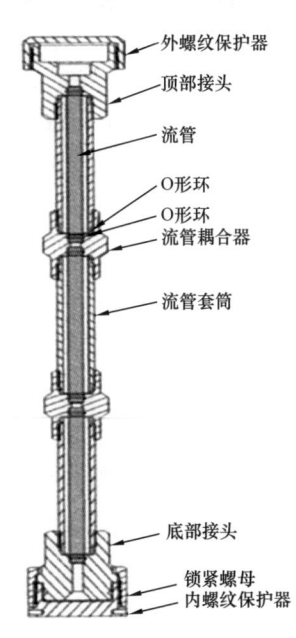

图 3-22 注脂短节示意图

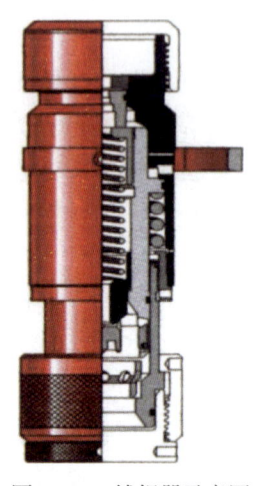

二、捕捉器

捕捉器安装在钢丝防喷管组顶部，用于捕捉具有绳帽头的仪器串，以防止工具丢失在井内（图3-23）。机械闭锁设计是始终处于捕捉状态的保护系统，需要通过液压启动时才予以释放。捕捉器主要部分构成包括活塞、止动弹簧、四个棘爪、棘爪弹簧以及棘爪销等主要部件。液压控制释放装置（HCR）通过液压控制活塞向下移动，驱动释放装置打开，释放捕捉到的绳帽打捞颈。

图3-23 捕捉器示意图

三、防掉器

防掉器安装在防喷管以下，起下钢丝时，它们可从防掉器的叉形瓣片中间的槽通过，如图3-24所示。工具串由井底进入井口后，工具串把瓣片顶起成竖状，工具串完全通过后，在弹簧力的作用下，瓣片倒落成水平状，把工具串挡在防喷管内，这时，工具串不会因任何故障落井。液压防掉器由液压驱动，可在安全的远端位置操作。

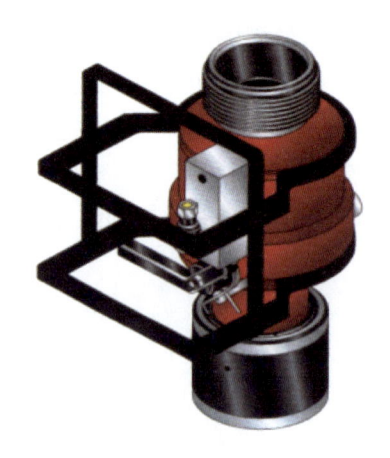

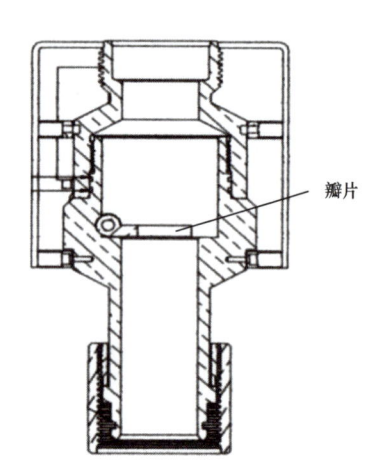

图3-24 防掉器实物与示意图

四、注入系统

在高压气井或高气油比的油井中进行钢丝作业时，防喷盒和防喷管处易发生结蜡、脏物聚集、水合物冰堵，导致钢丝无法正常活动。这时应采取外部直接用水（在轻微冻结时），或通过注入系统加注乙二醇、解堵剂的方法进行解冻、解堵。

（一）化学剂注入设备

化学剂注入设备主要有化学剂注入短节（图3-25）和注入器。化学剂注入设备安装在防喷盒与防喷管之间，在进行钢丝作

图3-25 化学剂注入设备

业上起过程中，给钢丝注入润滑油以润滑钢丝，减少因防喷盒泄漏造成事故。另外，还可用专业注入泵注入防冻剂和解堵剂等化学药剂。随着技术的进步，化学剂注入装置已集成在防喷盒上。

（二）工作原理

如图3-26所示，将液压管线与注入接头4连接，采用注入泵泵注，化学药剂泵入流经注入接头4和导流阀2，到达双阀式单流阀1，当化学药剂压力高于井口压力或防喷装置内压力时，化学药剂打开单流阀1进入化学注入短节主通径5内；当化学药剂压力低于井口压力时，双阀式单流阀关闭。

若遇紧急情况时，将液压管线与液压接头3和手压泵连接，通过手压泵加压可打开双阀式单流阀进行维护和泄压处理，若双阀式单流阀失效，可关闭导流阀2。

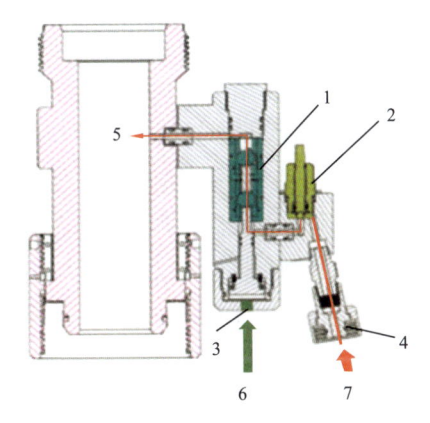

图3-26 化学剂注入短节工作原理图
1—双阀式单流阀；2—导流阀；3—液压接头；4—注入接头；5—主通径；6—液压流向；7—化学药剂流向

（三）主要结构特点

（1）化学剂注入设备包括通往油井内的主管道，分别与注入口和通气口连通，且通气口处设置开启和关闭该通气口的驱动装置。首先通过驱动装置开启通气口，将注入装置管道内的空气从通气口排出，然后通过驱动装置关闭通气口，将化学试剂由注入口注入油井内，实现了在油井内快速注入化学试剂的目的；作业完成后，关闭井口，通过驱动装置开启通气口，从通气口输入压缩空气，压缩空气可推动注入装置内的残留液体迅速且干净地排出。

（2）驱动装置为液压油缸，液压油缸的缸体壁上具有供液压油进出的通液口，主管道通过支管道与轴套的内腔连通，内腔的内壁上具有通气口，伸出液压油缸外部的活塞杆与内腔密封配合，可在内腔内运动开启或关闭通气口。通过外部手动泵为通液口泵入液压油，在液压的作用下推动活塞杆正向运动实现了通气口的开启，注入装置管道内的空气可由通气口排出；空气排出干净后，通过手动泵释放液压，活塞杆则反向运动实现了通气口的关闭。

（3）支管道的外部设置管道保护轴套，管道保护轴套的外周面与装置主体和连接块的内周面密封配合，液压油缸的一端端面与连接块的内周面密封配合，轴套的外周面与连接块的内周面密封配合，以上密封结构均使得注入装置具有良好的气密性，安全可靠。

（4）承压件材料为低合金钢，化学成分、机械性能、制造工艺及硬度要求均满足GB/T 22513—2013《石油天然气工业钻井和采油设备 井口装置和采油树》的规定要求。在现场安装时，上端接注脂控制头后与防喷盒连接，下端连接防喷管及防喷器等井口设备。

五、防喷管

防喷管采用特制管材制造，用于对接井口的专用装置，可在额定范围的井筒条件下，保证井下工具串在防喷管内进行钢丝作业。防喷管带有快速连接头和O形密封圈，能够手动快速连接或拆卸，O形密封圈可以保证手动上扣后密封井内压力，承受标准压力值。防喷管选用特制管材制造，可在额定工作压力下，井下工具串在防喷管内进行钢丝作业。

上防喷管只容纳绳帽、加重杆和震击器等，内径小且无放空设置。

下防喷管需要容纳井下工具（装置），如投堵塞器等特殊工具时，所投工具要进入防喷管内，所以下防喷管内径要求大一些。下防喷管设置有放压（空）装置，用于防喷管泄压，标准的下防喷管必装有两个泄压阀接口，如图3-27所示。

防掉器安装在防喷管以下，起下钢丝时，它们可从防掉器的叉形瓣片中间的槽通过。工具串由井底进入井口后，工具串把瓣片顶起成竖状，工具串完全通过后，在弹簧力的作用下，瓣片倒落成水平状，把工具串挡在防喷管内，这时，工具串不会因任何故障落井。

图3-27 下防喷管示意图

捕捉器：用于抓住井下工具串顶部打捞颈，防止误操作至工具上顶拉断；便于钢丝作业，捕捉后，用手压泵打压便可推动内衬套来释放工具串绳帽。

选择防喷管要考虑下列情况：

（1）压力和流体介质，特别是是否需要防硫化氢和二氧化碳等腐蚀性介质。

（2）工作压力等级。

（3）单根防喷管长度：通常单根标准长度2.4m（8ft），也可根据油气田特殊要求配置单根1.5m（5ft）和0.9m（3ft）长度。

（4）快速连接头及螺纹类型，包括内外径和壁厚材料要求等。防喷管接头是手动快速接头形式，仅需用手拧紧到位即可，不可用管钳辅助工具等工具拧紧，密封靠O形密封圈。在内有压力状态下，想松动或卸开快速接头是非常困难的。

快速接头主要有两种常用类型，如OTIS型和BOWEN型，如图3-28所示。

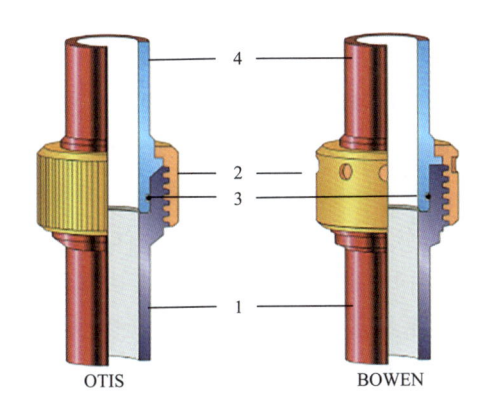

图 3-28 快速接头

1—外螺纹型端（下）；2—手动接箍；3—O 形密封圈；4—内螺纹型端（上）

根据不同的作业种类需要不同规格的快速接头，常用的快速接头的规格见附录 B。

（一）快装接头防喷管

快装接头防喷管是由活接头本体、活接头接头和护盖等组成，如图 3-29 所示。活接头盖与活接头头之间，采用活接头连接，目前国际通用的活接头型号有 OTIS 型和 BOWEN 型（简称 O 型和 B 型），如图 3-30 所示，其特点是不用借助专用工具即可连接、拆卸，密封性好。

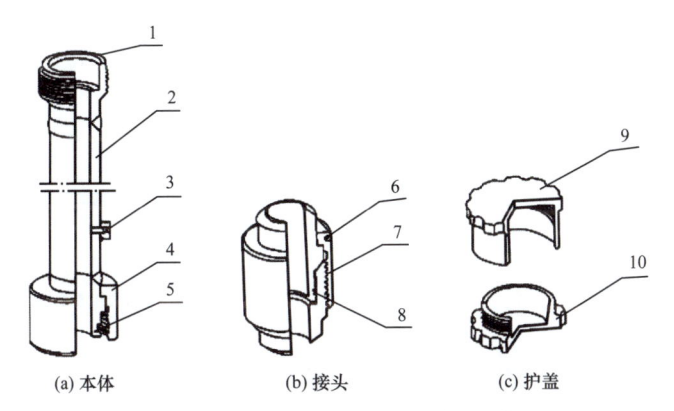

(a) 本体　　(b) 接头　　(c) 护盖

图 3-29 活接头连接的防喷管结构

1—活接头；2—防喷管；3—放空口；4—活接头盖；5—密封头；6—扳手孔；7—梯形螺纹；
8—O 形密封圈；9—内螺纹护盖；10—外螺纹护盖

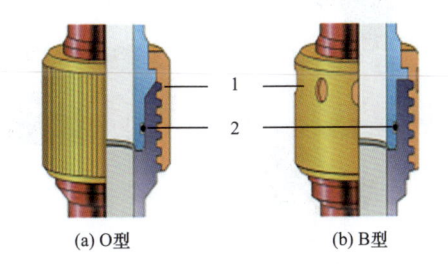

(a) O 型　　(b) B 型

图 3-30 活接头示意图

1—活接头；2—O 形密封圈

（二）分体式和整体式防喷管

防喷管按照结构可分为几种不同的形式，一般有油管螺纹连接、焊接式、梯形螺纹连接和整体式结构4种，如图3-31所示。其中轻型结构和焊接结构两种形式的防喷管不能用于高压高含硫气井使用。

防喷管根据结构不同还可分为分体式防喷管和整体式防喷管。分体式防喷管结构如图3-32所示。分体式活接头由开口锁紧环、快速活接头螺母、护丝、O形密封圈及支撑环等组成，如图3-33所示。密封部分采用金属接触和胶圈双重密封。可分式防喷管优点：用料少、价格较便宜，活接头接头可更换。

整体式防喷管的防喷管与活接头、活接头密封头及放空接头均为一体，其整体性能较可分式连接结构好，105MPa及以上等级防喷管应用整体式连接。

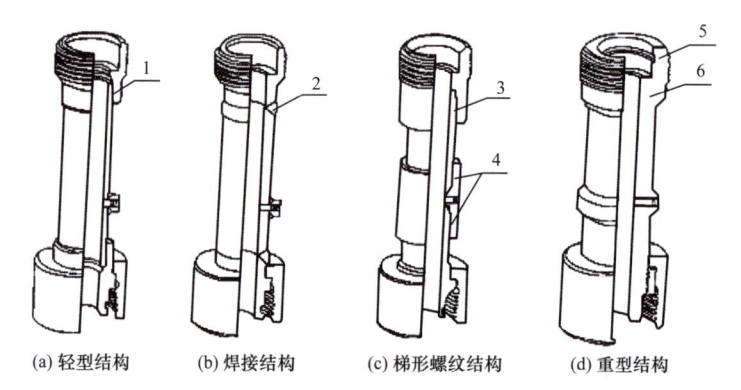

(a) 轻型结构　(b) 焊接结构　(c) 梯形螺纹结构　(d) 重型结构

图3-31　不同结构的活接头连接防喷管
1—油管螺纹连接；2—焊接；3，4—梯形螺纹连接；5—内密封槽；6—防喷管本体

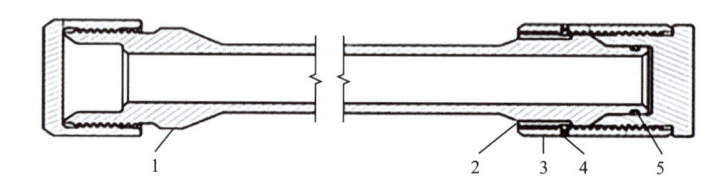

图3-32　分体式防喷管结构示意图
1—本体；2—开口锁紧环；3—活接头；4—限位螺钉；5—O形密封圈

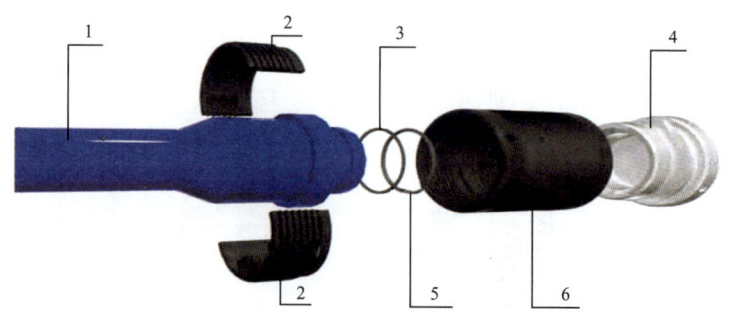

图3-33　分体式活接头组成
1—管体；2—开口锁紧环；3—O形支撑环；4—护丝；5—O形环；6—快速接头内扣

六、防喷器

防喷器（英文缩写 BOP）通过井口转换法兰与采油树顶部相连。当钢丝在井下时，关闭防喷器即可在不剪断钢丝的情况下密封防喷器以下井内压力，释放防喷器上部压力后就可进行防喷器以上设备的操作和维修。根据密封要求，可以单级使用，也可以多级叠用。通常防喷器工作压力为 35MPa、70MPa、105MPa 和 140MPa。防喷器分为手动防喷器和液压防喷器。

（一）手动防喷器

手动防喷器两边的活塞总成前端部分各有一个软胶皮，其作用是在不损伤钢丝的情况下密封钢丝周围，并各有一个钢丝导向板。活塞总成在外部手轮传递的机械力作用下，逐渐向中心靠拢，井中钢丝在导向板的作用下，由侧面逐渐被带回到中心位置，并在不损伤钢丝的情况下，将钢丝夹在两个活塞总成中心，把井内压力封住，防止泄漏与外喷，如图 3-34 所示。

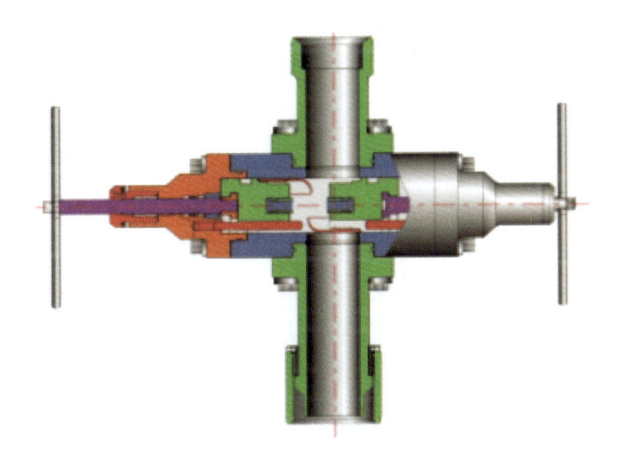

图 3-34 手动防喷器

手动防喷器适用于不经常开启和关闭闸板以及井口压力范围在 0～70MPa 情况下，其机械操作执行机构轻便，平衡阀和泄放阀维护成本较低，可用于大多数内径，最高可达 70MPa 压力等级，不推荐用于高压操作。手动单闸板开关状态如图 3-35 所示。

(a) BOP 开启状态　　(b) BOP 闭合状态

图 3-35 手动单闸板开关状态示意图

闸板总成结构如图 3-36 所示。钢丝闸板外边是平的，如图 3-37（a）所示；而电缆或钢丝绳的密封闸板的外边有半圆槽，如图 3-37（b）所示，两个闸板相对组成一个圆，抱紧电缆，从而起到密封作用。

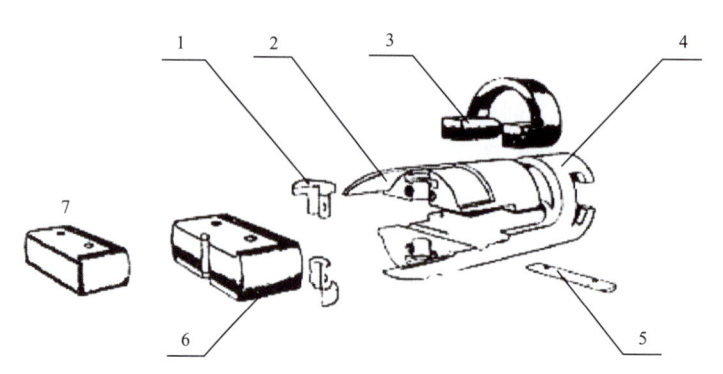

图 3-36 闸板总成结构示意图
1—导块；2—引导盖板；3—后密封胶皮；4—钢丝闸板主体；5—主体导向键；
6—前密封胶皮；7—钢丝防喷器前密封胶皮

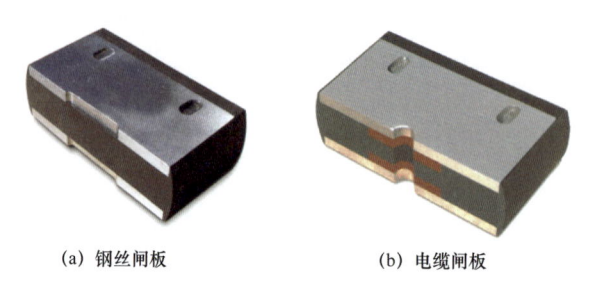

(a) 钢丝闸板　　　　　(b) 电缆闸板

图 3-37 闸板类型

防喷器内有一个平衡阀。当防喷器关闭且上部防喷管内没有压力时，直接打开防喷器会非常困难，并容易造成防喷器损坏，因此，需要先打开平衡阀，将井内压力通过平衡阀平衡到上部防喷管内，等防喷器上下压力平衡后，再打开防喷器，操作完成后再关闭平衡阀装置。另外防喷器还安装有泄压阀，允许操作人员在防喷器关闭时释放闸板以上压力。同时还能通过该阀门注入各种化学药剂等液体，以协助完成相应工作。

（二）液压防喷器

为了操作方便和安全，除手动防喷器外还有液压控制的防喷器，液压防喷器需要液压来开启和关闭闸板，这种特性使得可以在远离高压源和井口的地方进行操作，更加安全。液压供应系统可以是双向手动液压泵或发动机驱动的蓄能器系统，液压执行器采用双作用液压连接，既可以供应又可以返回液压油。当液压油通过压力软管施加到执行器上，然后通过回油管线回流时，这个动作迫使活塞向中心进入，并将相关的闸板推向防喷器的中心。液压防喷器还配有手动锁定机构，如果需要长时间关闭防喷器，可以手动将锁定机构锁定在适当位置，也可在液压供应系统出现故障时执行关闭防喷器的任务。液压防喷器按闸板数量可分为单闸板、双闸板、三闸板和四闸板，对应有单翼防喷器、双翼防喷器、三翼防喷器和四翼防喷器，如图 3-38 所示。目前通常压力等级 35MPa 以下选用单翼防喷器，70～105MPa 选择双翼防喷器，105～140MPa 采用三翼防喷器，140MPa 以上采用三翼防喷器或四翼防喷器。

(a) 单翼防喷器

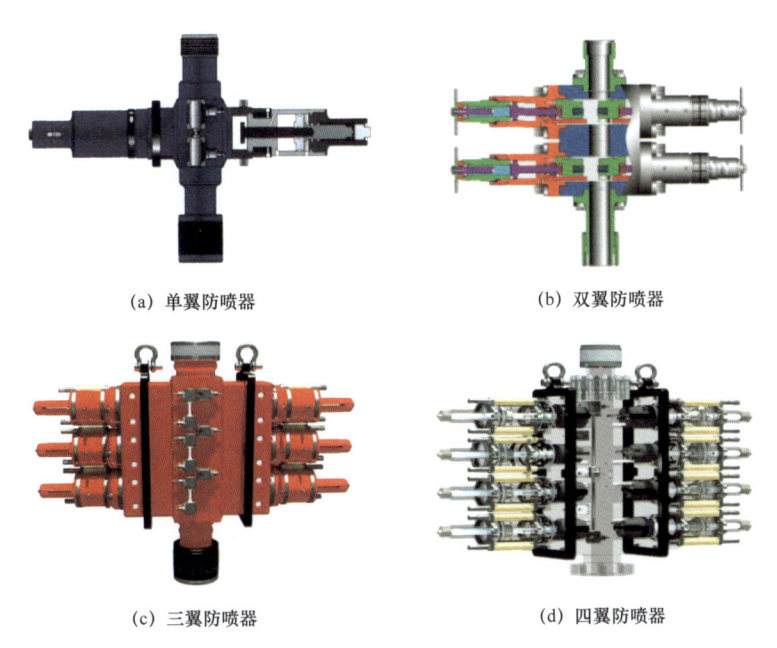

(b) 双翼防喷器

(c) 三翼防喷器

(d) 四翼防喷器

图 3-38　各类型防喷器

七、气动试压泵

气动试压泵（图 3-39）用于防喷器、阀门等设备试压。气动试压泵是使用压缩空气为动力源，以气动泵为压力源，通过对气源压力的调整，便能得到相应的液压力，输出液压力与气源压力成比例。具有防爆、输出压力可调、升压速度可控、体积小、重量轻、操作简单、性能可靠和适用范围广的特点。适用于油气田钻采工程的防喷设备、阀门、管道、连接件和压力容器等受压设备的高压和超高压试压检验；同时也适合科研、检验部门用于检测设备。

气动试压泵种类较多，以 HTX-7300 系列为例加以说明。

图 3-39　气动试压泵

（一）设备特点

（1）配备进口气动液体自动增压泵，可轻松实现输出压力任意可调、可控。
（2）具有体积小、重量轻、外型美观大方的特点，便于现场施工人员携带。
（3）无任何焊接连接，方便拆卸，安全系数高，寿命长，便于维护。
（4）通过气体驱动，不需要用电，不会有火花产生，安全防爆。

（二）技术参数

（1）驱动气压范围：0.1～0.7MPa，且输出压力和驱动气压成正比。
（2）最大耗气量：1m³/min。
（3）压力测试范围：10～500MPa。根据客户对工作压力和排量的实际要求，选择与之相对应的产品型号，见表3-2。
（4）工作介质：水或油。

表3-2 气动试压泵型号规格表

产品型号	最大工作压力 MPa	最大排量 L/min	质量 kg
HTX-7300-7	6.9	23	23
HTX-7300-13	13	11.6	
HTX-7300-21	21	7.3	
HTX-7300-40	40	3.5	
HTX-7300-58	58	3.0	
HTX-7300-70	70	2.0	
HTX-7300-95	95	1.5	
HTX-7300-120	120	1.1	
HTX-7300-160	160	1.6	
HTX-7300-220	220	1.1	
HTX-7300-310	310	0.75	

（三）注意事项

（1）所有高压出口严禁正对人体，特别是眼睛等重要部位，以免高压伤人。
（2）驱动气压请勿超过0.7MPa，否则会损坏系统，带来危险。
（3）空气过滤器为自动排水，但用户要根据使用条件定期更换滤芯。
（4）任何拆卸及维护前，均应切断气源，并使系统泄压至0。

在钢丝作业时，井口防喷系统是封闭井内高压油气的重要装置，为防止井内高压油气泄漏，就必须确保井口防喷系统密封良好，无渗漏。所以作业前必须按照试压测试标准对防喷系统进行高压密封测试。

（四）试压操作基本要求

（1）确认所有设备外观完好，无腐蚀，规格型号匹配并符合技术要求。
（2）压力表和压力试验记录仪器应准确、清晰且使用状态良好。

(3)常规压力试验用水作为试压介质,如用其他物质作试压介质需经作业者现场指挥许可,方可使用。

(4)冬季试压(温度在 0℃以下)应使用防冻液体进行试压。

(5)设备的测试压力在试压设备工作压力之内,所有试压用的配件和接头的压力范围要大于或等于 1.5 倍试压作业的最大工作压力。

(6)试压时排净管线、设备内的气体,平稳操作试压泵,避免压力过快上升,超过所试设备的额定压力等级。

(7)所有的试压,需先进行 2.1~4.2MPa(300~600psi)的低压试验。试验压力应该从低到高,逐渐进行,低压不低于 15min 和高压不低于 15min 不渗漏为合格,低压稳压期内压力降小于或等于 0.21MPa(30psi);高压稳压期内压力降小于或等于 0.7MPa(100psi)。

(8)试验压力不得超过设备的最高工作压力。

八、其他装置

(一)内外螺纹转换接头

井口内外螺纹转换接头(图 3-40)常用于采油树与钢丝防喷器连接,与防喷管相连内外螺纹转换类型一般为 5in-4ACME。

(二)防喷管固定夹板

防喷管固定夹板是用于安装拆卸防喷管的专用工具(图 3-41)。将该装置打开放置在类似于鼠洞的上方,当防喷管下放到快速接头处时,关闭该装置并锁定,可进行防喷管上边的拆装工作。

图 3-40 井口内外螺纹转换接头

图 3-41 防喷管固定夹板

(三)天滑轮吊架

天滑轮吊架(图 3-42)用于天滑轮吊装作业,其主要作用是保证吊装过程中天滑轮不发生偏转,便于天、地滑轮对齐,防止钢丝起下过程中钢丝因角度偏差受到磨损。

（四）防喷管吊夹板及钢丝绳

防喷管吊夹板（图 3-43）将夹板安装在上防喷管快速接头下方，用以提升防喷管。

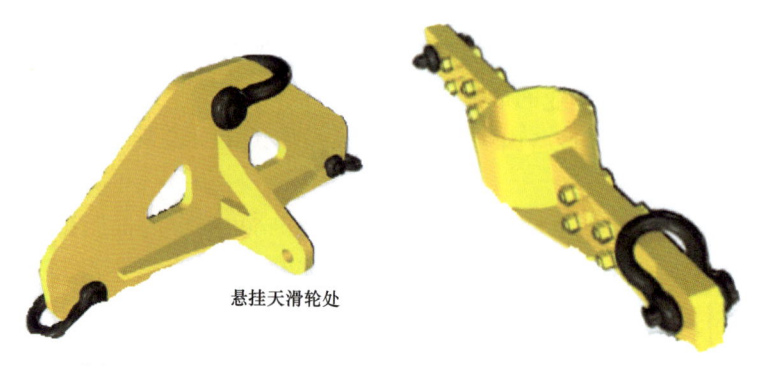

悬挂天滑轮处

图 3-42　天滑轮吊架　　　　图 3-43　防喷管吊夹扳

防喷系统中使用的钢丝绳通常有两种用途：一种作为吊绳使用，系于防喷管顶端，在拆卸或组装防喷管时用来扶正；另一种作为绷绳使用，通常用 3～4 根绷绳均匀分布在防喷管四周并绷紧防喷管，防止防喷管因受力过大而出现摇晃或拉弯的情况。

（五）钢丝夹

钢丝夹（图 3-44）用于在组装提起或下放防喷管时夹住钢丝，用以保护防喷管内作业工具串。在特定情况下，夹住井下钢丝及工具串和仪器（垂直于钢丝走向，系于地滑轮上方某处夹住钢丝），可进行地面设备处理或维修。

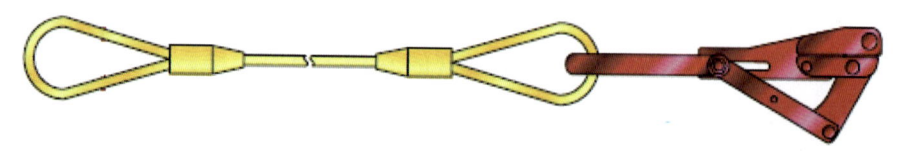

图 3-44　钢丝夹

钢丝夹在钢丝作业实施中是不可以缺少的地面重要工具，尤其是在处理钢丝作业事故中，对成功处理钢丝作业事故有着非常大的作用，有时会用到两个或更多，正常钢丝作业时有一个足够。

第三节　钢　　丝

在油气勘探开发过程中，需要通过测试作业获取油气井下的各项技术参数（包括温度、压力、液面位置和介质成分及含量等），或通过钢丝作业进行探砂面、取样、清蜡、投捞各种工具等作业。在这些作业中，钢丝的作用是传送和提升试井仪器和工具，是重要的承力单元，也是整个作业系统中最脆弱的一环，因其使用环境复杂、传送过程长，所以钢丝的选择和使用必须满足长时间使用安全可靠的要求，钢丝工作过程如图 3-45 所示。

通常使用的钢丝直径：2.08mm（0.082in）、2.34mm（0.092in）、2.74mm（0.108in）、3.18mm（0.125in）、3.56mm（0.140in）、3.81mm（0.150in）、4.06mm（0.160 in）。

一、钢丝种类

钢丝试井、投捞作业作为石油勘探开采过程中必不可少的作业，其钢丝都是单根使用，且作业环境复杂、多变，按照材质不同和使用工作环境的不同，试井钢丝分为普通钢丝、不锈钢丝和数字钢丝。

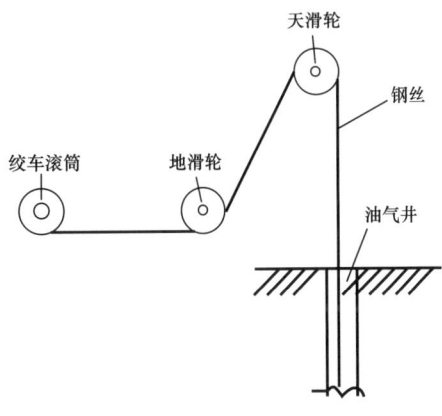

图 3-45 钢丝工作过程示意图

（一）普通钢丝

普通钢丝是用优质碳钢冷拉制成，由于是普通碳素钢制成，所以防腐性能较低，但因其价格低而被油气田广泛应用。

普通钢丝在含氯化物的环境中有一定抗腐蚀能力，但是如果没有适当的保养会有生锈现象，如在含硫化氢和二氧化碳的环境中工作将会严重脆化。因此，即便使用缓蚀剂配合作业，也不建议将普通钢丝用于含硫化氢和二氧化碳的环境中。

GB/T 40089—2021《石油和天然气工业用钢丝绳 最低要求和验收条件》规定了不同等级钢丝尺寸和机械性能，见表 3-3。

表 3-3 不同等级钢丝尺寸与机械性能表

试井钢丝直径		近似线重		IPS 级				EIP 级		EEIP 级	
				破断拉力		扭转次/min	伸长率 %	破断拉力		破断拉力	
mm (±0.03)	in (±0.001)	kg/m	lb/ft	kN	lbf			kN	lbf	kN	lbf
1.68	0.066	0.018	0.012	3.61	812	32	1.5	4.27	960	4.42	994
1.83	0.072	0.021	0.014	4.27	961	29	1.5	5.12	1150	5.24	1178
2.08	0.082	0.027	0.018	5.51	1239	26	1.5	6.49	1460	6.75	1517
2.34	0.092	0.034	0.023	6.88	1547	23	1.5	8.14	1830	8.43	1895
2.67	0.105	0.045	0.03	8.74	1966	20	1.5	10.5	2360	10.89	2449
2.74	0.108	0.048	0.032	9.38	2109	19	1.5	11.08	2490	11.48	2581
3.18	0.125	0.062	0.042	12.43	2794		1.5	14.68	3300	15.2	3418
3.25	0.128	0.065	0.044	13.01	2924		1.5	15.35	3450	15.94	3584

注：EIP 级和 EEIP 级，扭转和伸长率由采购方和制造方双方协议确定。

（二）不锈钢丝

油气井下除石油和天然气外还含有大量的硫化氢、二氧化碳、氯化物及有机硫化物等强腐蚀性介质，钢丝在井筒内停留时间过长，极易造成腐蚀断裂。过去较长一段时期，国内主要使用镀锌碳素钢丝试井，井下腐蚀介质含量偏高、使用不当、维护不好、更换不及时都有可能造成试井钢丝断裂，引发贵重仪器落井，甚至造成油气井报废事故。

选用不锈钢丝能较好地解决钢丝腐蚀断裂问题，为油气井的连续测量和各类钢丝作业提供可靠保证。不锈钢丝通常由特种合金材料制作而成，抗腐蚀性好，适用于含硫化氢、二氧化碳、氯化物及有机硫化物等强腐蚀性介质的油气井作业。

目前市场上高性能不锈钢丝生产商主要是欧美厂家，国内东北特钢集团大连钢丝有限公司生产的 D659 和 D660 两个牌号的不锈钢丝，规格为 ϕ1.8mm～ϕ3.2mm，D659 主要用于含有硫化氢和氯离子的 5000m 左右的酸性油气井，D660 主要用于硫化氢和氯离子含量较高的 6000m 左右的超深油气井中。

国外品牌主要有美国 ZAPP 和 Carpenter，英国 Brido 和 Central Wire，以及瑞典 Sandvik 品牌产品。目前各国都未制定统一标准，行业内均按技术协议供货，很多厂家制造了性能高于 ISO 和 API 标准的钢丝以适应深井、斜井和含腐蚀介质井的需要，常见的牌号有 316、2205、XM19、27-7MO、GD31Mo、GD50、Incoloy925、SUPA75、MP35N 和 C275 等。表 3-4 至表 3-6 为美国常用不同牌号、规格钢丝的性能参数（以 ZAPP 公司产品为例）。

表 3-4 材料化学成分表

牌号	UNS 号	成分含量，%（质量分数）									
		C	Mn	Cr	Ni	Mo	Cu	N	Co	Ti	Fe
316	S31600	0.08	2	16.0～18.0	10.0～14.0	2.0～3.0					bal[①]
2205	S32205	0.03	2	21.0～23.0	4.5～6.5	2.5～3.5		0.18			bal
XM19	S20910	0.06	4.0～6.0	20.5～23.5	11.5～13.5	1.5～3.0		0.20～0.40			bal
2507	S32750	0.03	1.2	25	7	4		0.3			bal
25-6MO	NO8926	0.02	2	19.0～21.0	24.0～26.0	6.0～7.0	0.5～1.5	0.15～0.25			bal
27-7MO	S31277	0.02	3	20.5～23.0	26.0～28.0	6.6～8.0	0.5～1.5	0.30～0.40			bal
MP35N	R30035	0.02	0.1	19.0～21.0	33.0～37.0	9.0～10.5			bal	1	1
C276	N10276	0.01	1	14.5～16.5	bal	15.0～17.0			2.5		4.0～7.0

① bal 表示均衡、平均。

注：25-6MO、SUPA 75®和 GD31MO®具有同等化学成分，除非给出范围或另有说明，否则化学值为最大值。

表 3-5 不同牌号和规格钢丝最小抗拉强度

规格		316		2205		XM19		2507		25-6MO		27-7MO		MP35N		C276	
in	mm	lbf	kN	lbf	kN	lbf	kN	lbf	kN	lbf	kN	lbf	kN	lbf	kN	lbf	kN
0.082	2.08	1150	5.12	1345	5.98	1215	5.40	1345	5.98	1175	5.23	1300	5.78	1300	5.78	1280	5.69
0.092	2.34	1500	6.67	1690	7.52	1540	6.85	1690	7.52	1500	6.67	1650	7.34	1690	7.52	1615	7.18
0.108	2.74	2000	8.90	2240	9.96	2200	9.79	2240	9.96	2130	9.47	2250	10.01	2300	10.23	2210	9.83
0.125	3.18	2700	12.01	2945	13.10	3000	13.34	2975	13.23	2750	12.23	3000	13.34	3100	13.79	2935	13.06
0.140	3.56	3300	14.68	3540	15.75	3540	15.75	3694	16.43	3250	14.46	3670	16.32	3725	16.57	3680	16.37
0.150	3.81	3750	16.68	3975	17.68	4065	18.08	4150	18.46	3750	16.68	4155	18.48	4240	18.86	4205	18.70
0.160	4.06	4225	18.79	4425	19.68	4625	20.57	4665	20.75	4250	18.90	4650	20.68	4825	21.46	4785	21.28

表 3-6 不同牌号和规格钢丝推荐安全工作载荷（最小抗拉强度的 60%）

规格		316		2205		XM19		2507		25-6MO		27-7MO		MP35N		C276	
in	mm	lbf	kN	lbf	kN	lbf	kN	lbf	kN	lbf	kN	lbf	kN	lbf	kN	lbf	kN
0.082	2.08	690	3.07	807	3.59	729	3.24	777	3.46	705	3.14	780	3.47	780	3.47	768	3.42
0.092	2.34	900	4.00	1014	4.51	924	4.11	978	4.35	900	4.00	990	4.40	1014	4.51	969	4.31
0.108	2.74	1200	5.34	1344	5.98	1320	5.87	1344	5.98	1278	5.68	1350	6.01	1380	6.14	1326	5.90
0.125	3.18	1620	7.21	1767	7.86	1800	8.01	1785	7.94	1650	7.34	1800	8.01	1860	8.27	1761	7.83
0.140	3.56	1980	8.81	2124	9.45	2124	9.45	2216	9.86	1950	8.67	2202	9.79	2235	9.94	2208	9.82
0.150	3.81	2250	10.01	2385	10.61	2439	10.85	2490	11.08	2250	10.01	2493	11.09	2544	11.32	252	1.12
0.160	4.06	2535	11.28	2655	11.81	2775	12.34	2799	12.45	2550	11.34	2790	12.41	2895	12.88	2871	12.77

(三)数字钢丝

数字钢丝是一种新型的油气井作业工具的传送媒介。它以标准直径 0.108in 或 0.125in 钢丝为基础,外涂一层特殊的绝缘层制成,如图 3-46 所示。在保留了钢丝原有的机械强度的同时具有了双向通信的功能。数字钢丝一方面体现了钢丝的强度和结构简单的特点,另一方面保留了电缆的多功能特点,极大地扩展了应用范围,且对比电缆作业减少作业费用。

图 3-46 数字钢丝实物图

1. 主要性能参数

数字钢丝主要性能参数见表 3-7。

表 3-7 数字钢丝主要性能参数

性能	线性电阻,Ω/1000m	破断拉力,kgf(lbf)	运行安全负荷,kgf/lbf
参数	101	1135(25000)	681(15000)
性能	起下速度,m/min	额定压力,MPa(psi)	额定温度,℃
参数	100	70(10000)	150

数字钢丝允许配备标准的钢丝设备和地面防喷系统进行使用,除可配置常规钢丝工具串外,还可以配置数字化钢丝工具,如图 3-47 所示,扩大钢丝作业的应用范围。

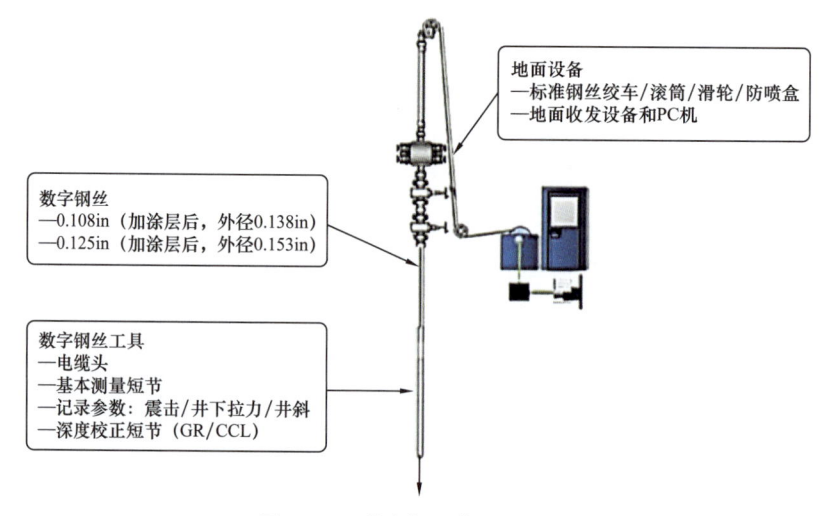

图 3-47 数字钢丝作业示意图

2. 功能

在钢丝作业方面，数字钢丝能够为操作者提供非常有价值的信息，如实时的井下拉力、井斜和震击数据，实时地进行深度校正。操作者通过综合分析井下实时监测数据，可随时采取措施或者改变作业方案。当拉力超出规定范围，或者出现其他异常情况时，可以通过地面控制紧急释放井下工具串，避免拉断钢丝。

数字钢丝还能够提供与电缆相关的多项服务，如实时深度校正、地面控制井下投放可回收式堵塞器（Geolock）、井下PVT取样、生产测井地面直读、油套管切割和过油管射孔等。通常情况下，完成钢丝作业（如通井、开关滑套）之后，还需要通过电缆绞车设备和人员，安装与电缆配套的井口防喷设备，才能进行电缆作业。1套数字钢丝设备和1个班组人员代替了原先2套设备、2个班组人员，不仅能够提供钢丝作业服务，还能够提供上述与电缆相关的技术服务。

井下工具串（或仪器）由3部分组成，即基本数字钢丝工具、可选附件（或工具）和专用工具（或仪器）。每次作业必须下入基本数字钢丝工具，包括钢丝电缆头、基本测试短节和GR/CCL校深短节。基本测试短节是井下工具串（或仪器）的心脏，接收地面指令，发送信号至地面收发器的同时，还记录井下拉力、震击和井斜数据。通过选择不同的专用工具串（或仪器）组合以满足不同的服务内容，斯伦贝谢公司将其划分为以下5个作业分类：

（1）常规钢丝服务。由于装备了基本数字钢丝工具，数字钢丝提供常规钢丝服务（如通井、开关滑套等）时，能够为操作者提供非常有价值的信息，如实时的井下拉力、井斜和震击数据，实时地进行深度校正。操作者通过综合分析井下实时监测数据，可随时采取措施或者改变作业方案。当拉力超出规定范围，或者出现其他异常情况时，可以通过地面控制，对井下工具串实行紧急丢手，避免拉断钢丝。

（2）投堵服务。触发工具D-Set靠井下电池供电，依靠液压电传动，精确深度校正后，能够下入多种型号桥塞、堵头和水泥承转器。

（3）投可回收堵塞器服务。通过触发工具D-Set投放，标准钢丝工具进行回收。可回收式堵塞器通过形似梯形的上下两排各自分离的环状密封块上的机械移位，而不是通过挤压密封件膨胀完成密封，消除了密封件挤压后变形不可逆的缺陷，因此在高压/高温井中表现出良好的性能。它可以在油套管任何位置或者损坏的工作筒上方坐封，配合井下开关工具进行压力测试和油藏评价，可在不同的深度进行多次密封，检测油管泄漏，也可以用于安置可回收式地面安全阀。

（4）油/套管切割、过油管射孔和井下PVT取样服务。扳机D-Trigger靠井下电池供电，精确深度校正后，能够提供过油管射孔、油套管切割和地面控制井下PVT取样等。

（5）生产测井服务。精确深度校正，地面直读生产测井。

二、不锈钢丝抗腐蚀性能

钢丝的耐腐蚀性能是钢丝化学性能的重要体现，耐腐蚀性能一般随钢丝中铬含量的增加而提高。当钢丝中含有足够的铬时，会在钢丝表面形成一层非常薄（5~10nm）但很致密的氧化膜（通称钝化膜），保护基体不被氧化或腐蚀。钝化膜不是固定不变，而是处于动态平衡中。在氧化性环境中，钝化膜一直处于不断破坏又不断恢复的过程，呈稳定状态。在酸性、还原性环境中钝化膜可能遭受破坏而无法恢复，造成钢丝腐蚀。油气井中的环境属于酸性、还原性环境，不是所有不锈钢丝都能承受这种环境，必须根据所在油气井的环境（流体介质、温度、井深等）对试井钢丝的材料作严格选择。

油气井中的气相腐蚀介质以硫化氢和二氧化碳为主，液相腐蚀介质主要是硫化氢的水溶液和溶有大量氯化物及有机硫化物的地层水、凝析水。这种环境对试井钢丝造成的破坏主要有三种形式：氢脆断裂、点蚀和应力腐蚀断裂。

（一）抗氢脆断裂性能

油气井中都含有不同量的硫化氢、二氧化碳、甲酸、乙酸、氯化物和硫化物，属于酸性环境。钢丝在酸性溶液中不可避免地要发生置换反应，井越深，温度越高，反应越激烈，反应生成的氢气在高温高压下极易渗入金属基体中，造成钢丝氢脆断裂。奥氏体不锈钢对氢脆不敏感，在硫化氢、乙酸和碳酸溶液中具有良好的耐蚀性能，尤其是含有2%~4%钼的奥氏体不锈钢，在含高浓度硫化氢、甲酸和氯化物的溶液中具有良好的耐蚀性能。所以，试井钢丝应选用奥氏体不锈钢，或合金元素含量更高的耐蚀合金。

（二）抗点蚀性能

点蚀是一种局部的腐蚀，其危害很大，尽管不锈钢耐一般腐蚀能力很强，但点蚀可以很快造成钢丝穿孔断裂。产生点蚀的先决条件是在表面局部区域存有电解液，电解液中溶有能破坏表面钝化膜的氯离子、氯酸离子、氟离子、溴离子和碘离子，后三项危害性相对较小。点蚀的速度是随温度升高而加快的，含有4%~10%的氯化钠溶液，温度达到90℃时，点蚀造成的质量损失最大，对更稀的溶液，最大值出现在较高温度下。因为油气井中的温度是随井深加大而升高的，所以点蚀造成的断裂多发生在井深较大的位置。

为衡量合金元素含量和抗点蚀能力之间的关系，工程上普遍采用点蚀抗力当量概念，点蚀抗力当量又称为点蚀指数（PRE），从表3-8可以看出，各牌号钢丝的点蚀指数从上到下逐渐增加，点蚀指数越大，其耐点蚀性能越强，钢丝作业环境酸性越高，井深越大，温度越高，腐蚀环境越强的油气井应选用下边的牌号。

衡量钢的抗点腐蚀性能还要用到一个概念——临界点蚀温度（CPT），当钢丝工作温度低于临界点蚀温度时，点蚀作用极其微弱，达到临界点蚀温度后，随温度升高点腐蚀越来越强烈。一般说来CPT与PRE成正比，每个牌号的CPT可根据ASTM G48中的方法测得，制成PRE与CPT的关系图，使用时查相应图表即可。

表 3-8　钢丝材料点蚀指数和临界点蚀温度表

牌号	PRE	CPT ℃	CPT °F
316	26	22	72
Alloy2205	36	42	108
XM19	38	41	106
Alloy28	40	54	129
25-6MO	47	65	149
27-7MO	56	80	176
MP35N	53	84	183
C276	68	>150	>302

注：PRE—抗点腐蚀指数，与材料成分有关；CPT—临界点腐蚀温度。

（三）抗应力腐蚀断裂性能

应力腐蚀断裂是拉应力与电化学共同作用的结果，尽管目前还不能为应力腐蚀断裂提出一个统一的解释，但普遍认为造成应力腐蚀断裂的因素有拉应力、介质和温度3个方面：

（1）拉应力。只有拉应力才能造成应力腐蚀断裂，压应力不会造成这种破坏，随着拉应力的提高，钢的应力腐蚀开裂的敏感性增强；应力腐蚀开裂有一个临界值，尽管这个值很难确定，但在强腐蚀介质中，施加应力达到钢的屈服强度的50%以上，就有可能引发应力腐蚀开裂。

（2）介质。引发应力腐蚀开裂的介质有氯化物、氢氧化物溶液和硫化物。氯化物引发的应力腐蚀开裂是穿晶开裂，随着氯化物含量增大，开裂的危险性增大；氢氧化物引发的应力腐蚀开裂是穿晶或沿晶开裂，这种开裂通常发生在高温下，浓度在20%左右，硫化氢引发的应力腐蚀开裂具有穿晶特性，在pH值低于4的硫化氢饱和水溶液中，不锈钢易发生应力腐蚀断裂，而含钼奥氏体很少见到这类损伤。

（3）温度。在温度低于60℃时，氯化物一般不会引发应力腐蚀开裂，温度高于60℃时，随着温度升高其敏感性急剧增加；氢氧化物引发的应力腐蚀开裂大约在130℃左右，硫化氢的应力腐蚀开裂主要发生在低温区（常温下），随着温度升高其敏感性反而下降。这与硫化氢在水中的溶解度随着温度升高而下降有关。

不锈钢丝所承受的应力腐蚀主要来自两方面：氯化物水溶液的应力腐蚀和硫化氢水溶液的应力腐蚀。氯化物的应力腐蚀多发生在深井、氯离子含量高处；提高不锈钢丝抗氯化物应力腐蚀能力，除提高钢的点蚀指数外，最有效的方法是提高钢中镍含量，要完全避免这种腐蚀，需要35%~40%的镍，美国的Incolov925和MP35N就是两个非常好的

抗氯化物应力腐蚀材料。硫化氢的应力腐蚀产生在低温区，多发生在井口处。防止硫化氢应力腐蚀的有效方法是降低不锈钢丝的使用应力，包括提高钢丝抗拉强度和加大钢丝直径两项措施。

三、影响钢丝使用寿命的因素

（一）环境因素

试井钢丝的使用环境比较复杂，既有不同区域的大气环境，又有不同油气田产物的特殊环境。

（二）表面损伤

表面损伤使钢丝组织和性能严重恶化，拉伸性能降低，韧性指标——扭转值和弯曲值下降，对钢丝的寿命造成严重的危害，钢丝的早期失效大部分都和钢丝表面损伤有关。

（三）磨损

磨损是表面损伤的一种形式，是钢丝失效最常见且最严重的一种。

（四）残余应力

残余应力是试井钢丝未受到外力作用时，其内部存在的保持自身平衡的应力。影响残余应力的因素：变形量、材料、润滑。

（五）显微组织

根据使用环境对试井钢丝造成的破坏形式：氢脆断裂、点蚀穿孔和应力腐蚀断裂来确定试井钢丝合理的显微组织。

四、钢丝选择与使用

钢丝的选择取决于其工作环境，包括钢丝强度和井况。油气井下含有大量的腐蚀性介质，试井钢丝长时间置于其中，出现腐蚀是不可避免的，大多数腐蚀用肉眼是看不到的，在振动和低周扭转的作用下，裂纹会不断扩展，直至造成钢丝突然断裂，造成井下事故，直接危害生产作业安全，因此根据环境正确选择使用钢丝，是保证作业安全的前提。

（1）在含硫化氢和二氧化碳等腐蚀性介质的井内不能使用普通试井钢丝。在特殊情况下必须使用时，要加强对工况和钢丝状态的严格检查；在条件许可时，推荐替换流体介质或加入缓蚀剂。

（2）发现异常情况，应及时更换试井钢丝，确保作业正常、安全进行。试井作业完成后，要对钢丝进行清洁，以减缓腐蚀。

（3）必要时可以通过无损探伤确定钢丝内部状态，以确定钢丝可否继续使用。

（4）在硫化氢环境中工作，应选用不锈钢或特殊合金钢抗硫钢丝。当需要的工作拉力大时，应选用大直径的钢丝进行作业。

（5）试井钢丝的应变时效脆化与时效温度有关。随着时效温度的升高，钢丝韧性下降，预计井下温度超过150℃时，应使用高温试井钢丝。

（6）钢丝作业现场的钢丝工作拉力应该保持在钢丝的屈服拉力以内，保证钢丝在作业时处于弹性范围内，不会出现塑性变形而破坏。

（7）一般情况下，钢丝总负荷为工具和钢丝的重量及其在井下和密封盒的摩擦力的总和，但是，快速震击产生的动负荷会大大超过静止负荷。钢丝的疲劳和腐蚀也会减少其所能承受的负荷。

（8）井中腐蚀物质的类型和含量以及钢丝在井内停留的时间对钢丝的抗拉强度会产生重大影响。另外，钢丝滑轮的直径大小也对钢丝的屈服强度和抗拉强度产生很大的影响。

（9）钢丝的尺寸不是越大越好，尺寸大，需要增大加重杆重量，在斜井中的摩擦力也会增大，钢丝自身在井下的重量增大，会使钢丝可用拉力减少，同时也需用更大直径的滑轮下放钢丝；如果滑轮过小，钢丝在滑轮处非常容易因疲劳而破裂。表3-9为钢丝直径与最小滑轮槽直径对应表。

表 3-9　钢丝直径与最小滑轮槽直径对应表

钢丝直径	mm	2.08	2.34	2.74	3.18	3.56	3.81	4.06
	in	0.082	0.092	0.108	0.125	0.14	0.15	0.16
最小槽轮直径	mm	254	279	330	381	432	457	483
	in	10	11	13	15	17	18	19

（10）钢丝缠绕在绞车滚筒上，必须具有较好的弯曲性能或缠绕韧性。钢丝长度一般根据用户要求定制，原则是钢丝长度应大于测试井的最深井深，并留有一定的安全余量。国外生产的试井钢丝规格和对应绞车滚筒直径见表3-10。

表 3-10　国外试井钢丝规格和对应绞车滚筒直径

钢丝直径		直径允许偏差		滚筒直径	
mm	in	mm	in	mm	in
2.08	0.082	±0.0254	±0.001	356~395	14~15.5
2.34	0.092	±0.0254	±0.001	406~445	16~17.5
2.67	0.105	±0.0254	±0.001	495~520	19.5~20.5
2.74	0.108	±0.0254	±0.001	508~546	20~21.5
3.18	0.125	±0.0254	±0.001	622~673	24.5~26.5

（11）钢丝的工作拉力应该保持在钢丝屈服拉力以内，保证钢丝作业时处于弹性范围内，不会出现塑性变形而破坏。为安全起见，现场作业时钢丝拉力应控制在钢丝最小破断拉力的60%以内。

五、钢丝使用注意事项

（1）根据井下环境、工具串重量选用适当型号和规格的试井钢丝。

（2）含硫井测试必须选用不锈试井钢丝。

（3）往滚筒上缠绕钢丝时一定要排列整齐，防止挤压扭曲，不可互相交叉挤压，避免形成硬弯。

（4）从井内起出钢丝时，必须擦拭钢丝上所黏附的井液、泥沙等污物，并涂上防护油。

（5）作业完成后，应对钢丝进行擦拭和干燥，以减缓腐蚀。

（6）定期测试钢丝抗拉强度，检查钢丝有无锈蚀、裂纹、砂眼、缩径等，发现不合格时禁止使用。

（7）禁止弯折曲度过小造成塑性变形。

（8）要避免钢丝被钳子等硬物咬夹。

（9）避免无控制的松弛造成钢丝扭结。

（10）钢丝作业规定在大力震击作业后，应切断5～25m钢丝，重新做绳帽。

（11）钢丝在滚筒上剩余量按规定：当滚筒剩余三排钢丝时，余下钢丝禁止使用。

六、试井钢丝的检测与更换

试井钢丝常规实验室的检测项目有拉力测试、伸长率测试、扭转测试、组分分析、外径测量和酸泡实验等。各种检测方法都有遵循的标准、操作程序和配套的仪器材料等，需要由专业人员完成。试井钢丝的检测对采购验收、日常使用和数据分析等都具有非常重要的意义。钢丝力学性能测试检测试验参照 GB/T 40089—2021《石油和天然气工业用钢丝绳 最低要求和验收条件》标准执行。

（一）试井钢丝的力学性能检测

1. 取样

应从每一盘试井钢丝上截取约1m长的钢丝试样，此试样的一节应同时测定伸长率和抗拉强度。当进行任何单独试验时，如果第一根试样不符合要求，应从同一盘钢丝上截取不多于两个的补充试样。

2. 抗拉强度测试

钢丝试样长度应不小于450mm，试验机夹头间距应不小于305mm，在不加载的情况下试验机移动头的速度不应超过0.5mm/s。如果试样断裂位置位于距钳口6mm以内，该试验结果无效，应重新进行检测。

3. 伸长率测试

伸长率应在试样的 250mm 长度上在拉断的瞬间测量，断裂应发生在 250mm 标定长度之内。当确定伸长率时，应对安装引伸仪上的钢丝施加 690N/mm^2（100000psi）的应力。考虑到在安装引伸仪以前产生的初始延伸，可在引伸仪的读数上增加读数的 0.4%。

4. 破断拉力试验

（1）最小试样长度不小于 300mm，将试样夹持在试验机上，当加载达到最小破断拉力的 80% 时，加载的速度每秒不能超过最小破断拉力的 0.5%。

（2）当施加载荷不再增加时，该数值即为实测破断拉力值。

（3）当钢丝断裂位置发生在距夹持位置小于 6 倍钢丝公称直径或者断裂在夹头内，并且未达到规定的最小破断拉力值时，该试验结果无效。

5. 扭转试验

（1）试验机钳口距离（标距）应为 203mm ± 1mm（8in ± 0.25in）。为了节省时间，标距也可以缩短为钢丝直径的 100 倍。

（2）钢丝一端相对于另一端以不超过 60r/min 的恒定速度旋转，直至钢丝被扭断。

（3）试验机应具备自动计数器以记录破断圈数。钳口一端应沿轴向固定，另一端可以沿轴向移动以方便给试样加载。断裂出现在距钳口 3mm 以内的试验结果应视为无效。

（4）扭转试验时，应在被试验的钢丝上施加规定的张力，张力不应超过规定的最小值的 2 倍。

（二）钢丝的更换

如出现下列情况之一，必须更换钢丝：

（1）钢丝拉力试验不合格。

（2）从绞车滚筒上拉出钢丝展开到地面时，不能形成圈或环时，说明钢丝已超过其塑性极限，应立刻更换或剪切部分钢丝。

（3）当钢丝扭曲不能拉直时，说明其受力过度。

（4）定期检查钢丝直径变化，比如 2.74mm 钢丝测量下降到 2.7mm 以下值时，该钢丝应立即更换。

（5）钢丝各项指标表面现象达不到更换新钢丝条件时，要以该绞车的作业记录或作业人员的反馈信息为依据，有过超大拉力作业经历，也需更换该钢丝。

第四章 | Chapter four

钢丝作业工具 ❶

钢丝作业工具承担着连接、旋转、配重和投捞等功能,其顶部都设计有打捞颈,以便安全回收。根据钢丝作业工具的用途,主要分为基本工具、送入工具、投捞工具、辅助工具、复杂处理工具和特殊作业工具等几大类。

第一节 基本工具

钢丝作业基本工具包括绳帽、加重杆、震击器和万向节等。

一、绳帽

绳帽起着连接钢丝和井下工具串的作用。由于钢丝会在井下旋转,为避免绳帽及其下面连接的工具串因钢丝旋转引起工具脱扣,造成落井事故,要求钢丝在绳帽内能够旋转,否则必须连接旋转接头。常见的绳帽有圆盘形、梨形和卡瓦形等。

(一)圆盘形绳帽

圆盘形绳帽由绳帽本体、弹簧、弹簧座和带槽圆环组成,如图4-1所示。圆盘形绳帽用来连接1.67~2.74mm的钢丝及其下部作业工具串。使用时将钢丝缠绕在带槽圆环上,通过弹簧和弹簧座将其压紧,再装入绳帽本体中。绳帽上部是一个标准的打捞颈,当工具串在绳帽处意外断落时,可以使用回收工具抓住打捞颈起出工具串。表4-1为圆盘形绳帽主要技术参数。

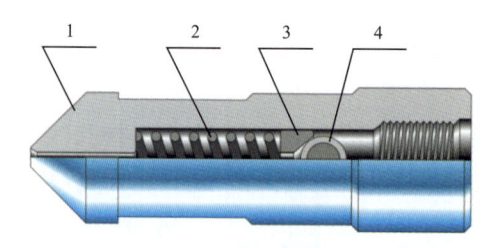

图4-1 圆盘形绳帽
1—绳帽本体;2—弹簧;3—弹簧座;4—带槽圆环

---

❶ 本章工具参数参考了以下产品手册:奥蒂斯石油工具产品手册、贝克石油工具产品手册、宝鸡金辉石油机械有限公司产品手册、威德福完井手册、BDK钢丝作业技术产品手册、湖北赛瑞公司技术产品手册、中国航天川南机械厂气举产品手册。

表 4-1　圆盘形绳帽主要技术参数

规格 in	打捞颈外径 in	最大外径 in/mm	连接螺纹
0.75	0.688	0.750/19.05	1/2in-13UN
0.875	0.750	0.875/22.23	1/2in-13UN
1	1.000	1.000/25.40	5/8in-11UN
1.25	1.188	1.250/21.75	15/16in-10UN
1.5	1.375	1.500/38.10	15/16in-10UN
1.875	1.750	1.875/47.63	$1\frac{1}{16}$in-10UN
2.125	1.750	2.125/53.98	$1\frac{1}{16}$in-10UN
2.5	2.313	2.500/63.50	$1\frac{9}{16}$in-10UN

注：国内常用规格 1.25in 和 1.5in 两种绳帽。

（二）梨形绳帽

梨形绳帽是一种硬连接型绳帽，用来连接直径 2.34～4.75mm 的钢丝及其下部作业工具串。该型绳帽主要由绳帽本体和梨形塞块组成，梨形塞块上有一条顶端到底面、并与塞块底部相通的槽，如图 4-2 所示。使用时将钢丝缠绕在梨形塞块槽内，利用绳帽内锥面锁紧钢丝，从而起到承受拉力的作用。为保证更可靠地夹紧钢丝，可在绳帽与下方短节之间加适当厚度的垫片。拧紧螺纹的同时，垫片把梨形塞块向上顶紧，进一步压紧钢丝。

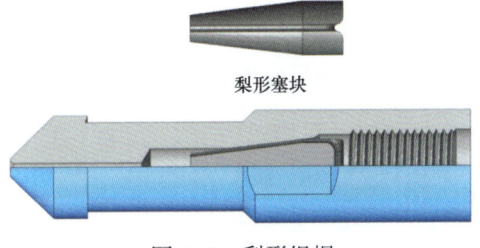

图 4-2　梨形绳帽

该型绳帽多用于震击使用，因内部的梨形塞块旋转较差，通常与旋转接头一起使用。表 4-2 为梨形绳帽主要技术参数。

表 4-2　梨形绳帽主要技术参数

规格 in	打捞颈外径 in	最大外径 in/mm	连接螺纹
1.25	1.188	1.250/31.75	15/16in-10UN
1.5	1.375	1.500/38.10	15/16in-10UN
1.75	1.375	1.750/44.45	15/16in-10UN
1.875	1.750	1.875/47.63	$1\frac{1}{16}$in-10UN
2.125	1.750	2.125/53.98	$1\frac{1}{16}$in-10UN
2.5	2.313	2.500/63.50	$1\frac{1}{16}$in-10UN

注：国内常用规格 1.25in 和 1.5in 两种绳帽。

(三)卡瓦形绳帽

卡瓦形绳帽由本体、卡瓦、顶丝、锥体、弱点卡瓦和下接头组成,如图 4-3 所示。该型绳帽是为最大 7.94mm 的小直径钢丝绳设计的。弱点卡瓦上开有一个槽,当拉力达到钢丝绳满载荷的一定百分比时,卡瓦可将钢丝绳卡断。卡瓦不同,其卡断百分比也不同,通常有 50%、60%、70%、80% 和 90% 共 5 种设计可供选择。使用时先将钢丝绳穿过绳帽本体、锥体及卡瓦,随后将钢丝绳末端打结,拧紧顶丝,装入卡瓦及弱点卡瓦,最后上提钢丝绳,将卡瓦、弱点卡瓦及锥体一次装入绳帽本体内。

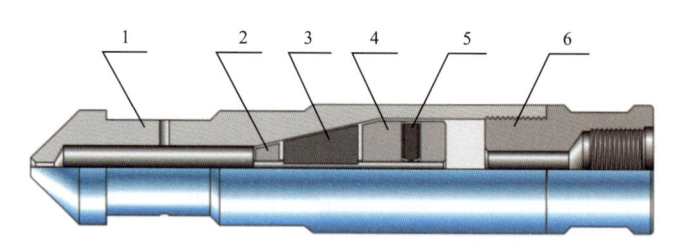

图 4-3 卡瓦形绳帽
1—绳帽本体;2—锥体;3—卡瓦;4—弱点卡瓦;5—顶丝;6—下接头

卡瓦形绳帽和加重杆之间必须采用旋转接头连接,避免钢丝绳在下井过程中旋转造成工具串脱扣等问题。

表 4-3 卡瓦形绳帽主要技术参数

规格 in	打捞颈外径 in	最大外径 in/mm	连接螺纹
1.25	1.188	1.250/31.75	15/16in-10UN
1.5	1.375	1.500/38.10	15/16in-10UN
1.75	1.750	1.750/44.45	$1\frac{1}{16}$in-10UN
1.875	1.750	1.875/47.63	$1\frac{1}{16}$in-10UN
2.125	1.750	2.125/53.98	$1\frac{1}{16}$in-10UN
2.5	2.313	2.500/63.50	$1\frac{1}{16}$in-10UN

二、加重杆

加重杆(图 4-4)用以增加钢丝作业过程中工具串的重力,以克服下放时遇到的摩擦力和上顶力等各种阻力,另外在震击操作时增大震击效果。加重杆通常安装在震击器的上方,上端一般为外螺纹,下端为内螺纹,顶部设计有打捞颈。加重杆有实心的,也有空心的。大部分加重杆由碳钢制成,空心的采用灌装钨合金、铅合金或其他重金属来提高加重杆重量。这些加重杆分别被称为钨加重杆、铅加重杆或其他合金加重杆。值得注意的是,不可将灌水银或铅的加重杆用于需要进行井下震击的钢丝作业场合。

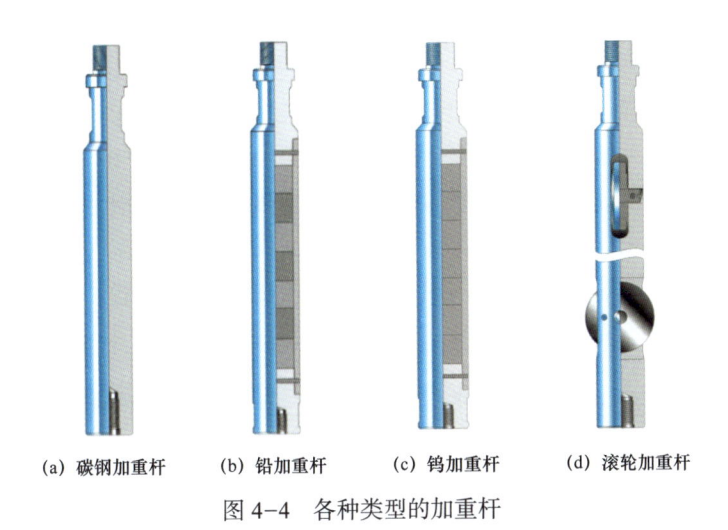

(a) 碳钢加重杆　　(b) 铅加重杆　　(c) 钨加重杆　　(d) 滚轮加重杆

图 4-4　各种类型的加重杆

加重杆的尺寸和重量由作业井井况、所需震击力和所投捞的井下工具尺寸来决定。加重杆的重量必须大于上顶力，并留有一定的安全系数；对于产水量大、存在段塞流的气井，应加大安全系数。

表 4-4　常用加重杆主要技术参数

规格 in	打捞颈外径 in	最大外径 mm	连接螺纹
0.75	0.688	0.750/19.05	1/2in-13UN
1	0.875	1.000/25.40	5/8in-11UN
1.25	1.188	1.250/21.75	15/16in-10UN
1.5	1.375	1.500/38.10	
1.75	1.750	1.750/44.45	
1.875		1.875/47.63	
2.125		2.125/53.98	$1\frac{1}{16}$in-10UN

三、震击器

钢丝作业过程中常用到震击器，在剪切销钉或投捞作业时，仅靠钢丝拉力远远不够，需通过震击器的震击来加大作用力才能完成作业。

震击器的震击方向可以根据需要向上或向下，震击力与钢丝速度、加重杆重量、震击器冲程、内外剪切筒间隙和震击器下部工具串的弹性阻尼作用相关。震击力的大小取决于震击器上部工具的重量和震击行程，同时也会受到诸如井斜度数、方位角、狗腿度、井下流体黏滞力等井况的影响。震击力与加重杆重量及震击速度成正比，与作用时间成反比。常用震击器有以下 5 种。

（一）链式震击器

链式震击器结构简单，像两节能自由延伸的长链连接在一起，用于在钢丝作业过程中提供较大的冲击力，如图4-5所示。链式震击器一般有20in（508mm）和30in（762mm）两种冲程，冲程长的震击器有助于增加震击时的速度，但易于损坏。通常根据作业深度和震击要求来选取震击器的冲程。作业深度较浅又向上震击较多时，应选用长冲程震击器；作业深度较深同时也向上震击多时，就应选用短冲程震击器。链式震击器可以应用在井壁中含有少量碎屑杂质的环境中，通常用于尺寸较大的油管中作业。

图4-5　链式震击器

表4-5　常用链式震击器主要技术参数

规格 in	打捞颈外径 in	最大外径 in/mm	连接螺纹	冲程 in
1.25	1.188	1.250/21.75	15/16in-10UN	20/30
1.5	1.375	1.500/38.10	15/16in-10UN	20/30
1.875	1.750	1.875/47.63	$1\frac{1}{16}$in-10UN	20/30
2.125	2.313	2.313/58.75	$1\frac{1}{16}$in-10UN	20/30
2.5	2.313	2.500/63.50	$1\frac{9}{16}$in-10UN	20/30

（二）管式震击器

管式震击器如图4-6所示，震击器的壳体或本体上钻有多个旁通孔用以平衡内外压力，减小井液黏滞力对震击力度的影响，常用于液面下震击作业。管式震击器适用于较大冲程的上、下震击，在液体中作业时，心轴和外筒在移动过程中需从旁通孔排液，震击效果较缓和。

图4-6　管式震击器

管式震击器在常规钢丝作业中不作为首选震击器，它只是一个辅助震击器，但处理井下事故时它常作为首选震击器。表4-6管式震击器主要技术参数。

表 4-6 管式震击器主要技术参数

规格 in	打捞颈外径 in	最大外径 in/mm	连接螺纹	冲程 in
0.75	0.688	0.750/19.05	1/2in-13UN	14
0.875	0.750	0.875/22.23		
1	1.000	1.000/25.40	5/8in-11UN	20
1.25	1.188	1.250/21.75	15/16in-10UN	
1.5	1.375	1.500/38.10		
1.75				20/30
1.875	1.750	1.875/47.63	$1\tfrac{1}{16}$in-10UN	
2.125		2.125/53.98		
2.5	2.313	2.500/63.50	$1\tfrac{9}{16}$in-10UN	24/30

（三）弹簧震击器

弹簧震击器如图 4-7 所示，震击杆上行一定距离即可与下部锁定机构脱开，在钢丝的拉力下产生强大的震击力。震击完成后下放震击杆，由于控制锁定机构的弹簧力很小，震击杆很容易插入锁定机构。

在需要向上强力震击时，可使用弹簧震击器代替液压震击器。下井前根据预计的井下情况调节所需的向上拉力，在井下需要向上震击时，用绞车拉到预设拉力值加上钢丝及其井下工具重量后，震击杆将上行产生强大的震击力。表 4-7 为弹簧震击器主要技术参数。

图 4-7 弹簧震击器（a）及预紧力工具（b）

表 4-7 弹簧震击器主要技术参数

规格 in	打捞颈外径 in	最大外径 in/mm	连接螺纹
1.5	1.375	1.500/38.10	15/16in-10UN
1.875	1.750	1.875/47.63	$1\tfrac{1}{16}$in-10UN
2.125		2.125/53.98	
2.5	2.313	2.500/63.50	$1\tfrac{9}{16}$in-10UN

（四）震击加速器

震击加速器（图 4-8）就是储能器，当其上部接头受到拉伸时，接头中的弹簧被压缩，储存一定的能量。一旦连接在下面的震击器释放，这些能量也将同时释放，从而增强震击效果。

在较浅深度钢丝作业时，钢丝活动空间或伸缩量过少，使用液压震击器需配套震击加速器。使用时的连接顺序：自上而下为绳帽、加重杆、加速器、震击器及打捞工具。表 4-8 为震击加速器主要技术参数。

图 4-8　震击加速器

表 4-8　震击加速器主要技术参数

规格 in	打捞颈外径 in	最大外径 in/mm	连接螺纹
1.25	1.188	1.250/31.75	15/16in-10UN
1.5	1.375	1.500/38.10	15/16in-10UN
1.75	1.375	1.750/44.45	15/16in-10UN
1.875	1.750	1.875/47.63	$1\frac{1}{16}$in-10UN
2.5	1.750	2.500/63.50	$1\frac{1}{16}$in-10UN
2.5	2.313	2.500/63.50	$1\frac{9}{16}$in-10UN
3	2.313	3.000/76.20	$1\frac{9}{16}$in-10UN

（五）液压震击器

当钢丝作业深度较深或在液体中作业时，链式震击器常常无法获得足够的向上震击力，如果操作不当，还可能达不到震击的效果。这种情况下，一般会选用液压震击器，如图 4-9 所示。

液压震击器受拉开阻尼作用，钢丝拉力较小时拉不开震击器。当钢丝达到一定拉力时，震击器内部的液压油才能缓慢通过间隙很小的活塞使震击器逐渐打开；当活塞到达扩径部位后就能向上自由运动；活塞的快速向上运动产生较大的震击力。绞车向上拉力值越大，其向上震击力也越大。震击过后，由于活塞内有单流阀，液压震击器很容易下放闭合。表 4-9 为液压震击器主要技术参数。

图 4-9　液压震击器

表 4-9 液压震击器主要技术参数

规格 in	打捞颈外径 in	最大外径 in/mm	连接螺纹
1.25	1.188	1.250/21.75	15/16in-10UN
1.5	1.375	1.500/38.10	15/16in-10UN
1.75	1.750	1.750/44.45	$1\frac{1}{16}$in-10UN
1.875	1.750	1.875/47.63	$1\frac{1}{16}$in-10UN
2.125	1.750	2.125/53.98	$1\frac{1}{16}$in-10UN
2.5	2.313	2.500/63.50	$1\frac{9}{16}$in-10UN

液压震击器内的液体为特制液压油。液压油应根据井下温度进行选择，操作时要保证 30s 以上的延迟时间让液压油通过。

在同时使用机械震击器和液压震击器的情况下，由于液压震击器有减震作用，应把液压震击器接在机械震击器之上。

四、万向节

万向节采用球形关节设计，它中间可以自由旋转并弯曲一定的角度。使用它可以实现震击器与投捞工具、震击器与加重杆、加重杆与加重杆之间的角度偏转，以利于调节工具串与油管倾斜方向一致，特别是在弯曲油管中和斜井中进行钢丝作业时，万向节必不可少。

万向节应经常检查，以确保它的螺纹、球头和销钉都处于良好的工作状态。如果销钉松动，就必须更换，以避免它掉入井内。

（一）常规万向节

常规万向节由球头、球座及上下接头组成，具有双打捞颈结构设计，如图 4-10 所示。万向节通常安装在绳帽正下方，特殊情况下也可安装在工具串其他地方，视情况采用一个或多个，用以在钢丝作业中增强工具串的灵活性，特别是在过造斜处或进入分支井时作为关键转向件来使用。表 4-10 为常规万向节主要技术参数。

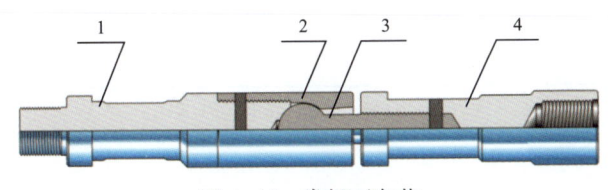

图 4-10 常规万向节
1—上接头；2—球座；3—球头；4—下接头

表 4-10　常规万向节主要技术参数

规格 in	打捞颈外径 in	最大外径 in/mm	连接螺纹
1.25	1.188	1.250/31.75	$^{15}/_{16}$in–10UN
1.5	1.375	1.500/38.10	
1.875	1.750	1.875/47.63	$1^{1}/_{16}$in–10UN
2.125		2.125/53.98	
2.5	2.313	2.500/63.50	$1^{9}/_{16}$in–10UN

（二）万向震击短节

万向震击短节主体设计与常规万向节相似，仅延长了球头和球座部分，使短节可以进行轻度的震击操作，如图 4-11 所示。该万向震击短节常用在测试作业工具串上，具备上、下震击功能，其关节可以自由转动，但冲程和震击力度都比较小。表 4-11 为万向震击短节主要技术参数。

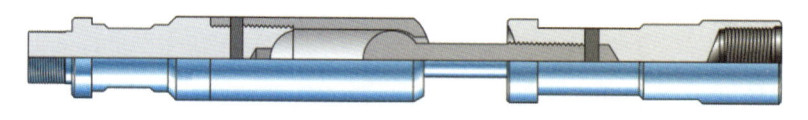

图 4-11　万向震击短节

表 4-11　万向震击短节主要技术参数

规格 in	打捞颈外径 in	最大外径 in/mm	连接螺纹
1	0.875	0.875/22.23	5/8in–11UN
1.25	1.188	1.250/31.75	15/16in–10UN
1.5	1.375	1.500/38.10	
1.75		1.750/44.45	
1.875	1.750	1.875/47.63	$1^{1}/_{16}$in–10UN
2.125		2.125/53.98	
2.5	2.313	2.500/63.50	$1^{9}/_{16}$in–10UN

五、旋转接头

旋转接头（图 4-12）一般接在绳帽下，用以减小扭力，保证工具串灵活性。当井下工具串因井斜或受井内介质影响时，工具串整体转动受限，从而影响到钢丝。旋转接头可起到更好保护钢丝和提高其使用寿命的作用。旋转接头分轻型和重型两种，使用时应有所区别。处于不用状态时，需对其注入黄油类润滑脂放置保护。表4-12为旋转接头主要技术参数。

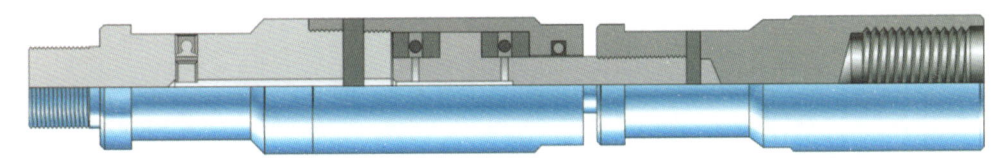

图 4-12　旋转接头

表 4-12　旋转接头主要技术参数

规格 in	打捞颈外径 in	最大外径 in/mm	连接螺纹
1.25	1.188	1.250/31.75	15/16in-10UN
1.5	1.375	1.500/38.10	15/16in-10UN
1.75	1.750	1.750/44.45	$1\frac{1}{16}$in-10UN
1.875	1.750	1.875/47.63	$1\frac{1}{16}$in-10UN
2.125	1.750	2.125/53.98	$1\frac{1}{16}$in-10UN
2.5	2.313	2.500/63.50	$1\frac{9}{16}$in-10UN

第二节　送入工具

送入工具一般连接在基本工具串下面，用以送入或投放井下工具。

一、MC-1型送入工具

MC-1型送入工具主要用于连接并坐封贝克系列的锁芯和堵塞工具。剪切销钉通常采用铜销钉、铝销钉或钢销钉，尺寸和材质根据作业需要选用（图4-13，表4-11）。

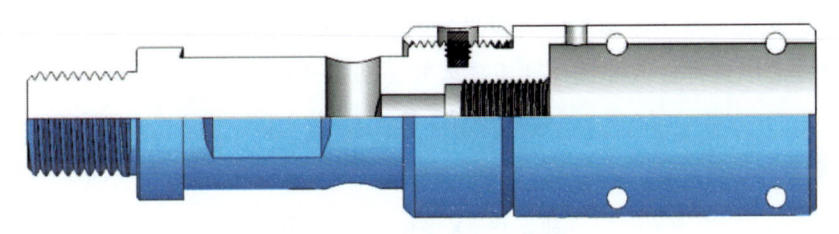

图 4-13　MC-1型送入工具

表 4-13　MC-1 型送入工具主要技术参数

规格 in	打捞颈外径 in	连接螺纹	剪切销直径 in
1.25	1.188	15/16in-10UN	$1/8\text{in} \times 1\frac{3}{8}\text{in}$
1.75			
2	1.375		$3/16\text{in} \times 1\frac{11}{16}\text{in}$
2.125	1.750		$3/16\text{in} \times 2\frac{1}{8}\text{in}$
3	2.313	$1\frac{1}{16}\text{in}-10\text{UN}$	$3/16\text{in} \times 2\frac{5}{8}\text{in}$

二、F 型坐卡送入工具

F 型坐卡送入工具主要用于坐封 F 型坐卡（图 4-14，表 4-14）。

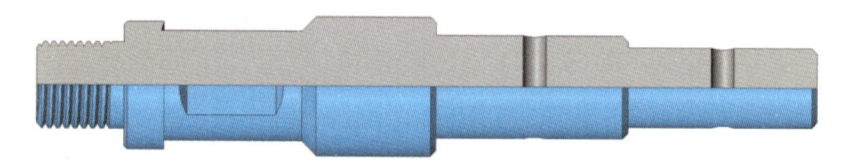

图 4-14　F 型坐卡送入工具

表 4-14　F 型坐卡送入工具主要技术参数

规格 in	打捞颈外径 in	最大外径 in/mm	连接螺纹	销钉 in
2	1.375	1.500/38.10	15/16in-10UN	$1/4\text{in} \times 1\frac{3}{16}\text{in}$
2.5				$1/4\text{in} \times 1\frac{1}{2}\text{in}$
3	1.750	2.000/50.80		$1/4\text{in} \times 2\text{in}$

三、X 型锁芯送入工具

X 型锁芯送入工具主要用于送入或坐封 X 型和 XN 型锁芯以及其他井下安全类工具，该工具允许锁芯以选择性或非选择性模式入井（图 4-15，表 4-15）。

图 4-15　X 型锁芯送入工具

表 4-15 X 型锁芯送入工具主要技术参数

规格 in	打捞颈外径 in	上端螺纹	下端螺纹	总长 in	剪切销	锁定键 撑开外径 in	锁定键 收拢外径 in	适用鱼腔规格 in
1.500	1.188	15/16in-10UN	3/8in-16UN	30.063	3/16in × 1$\frac{1}{8}$in	1.562	1.410	1.062
1.625	1.188	15/16in-10UN	3/8in-16UN	30.063	3/16in × 1$\frac{1}{8}$in	1.672	1.593	1.062
1.875	1.375	15/16in-10UN	1/2in-13UN	29.313	1/4in × 1$\frac{1}{2}$in	1.937	1.750	1.375
2.313	1.750	15/16in-10UN	5/8in-11UN	30.250	1/4in × 1$\frac{7}{8}$in	2.359	2.175	1.812
2.75	2.313	1$\frac{1}{16}$in-10UN	3/4in-10UN	31.000	1/4in × 2$\frac{1}{2}$in	2.843	2.718	2.313
2.813	2.313	1$\frac{1}{16}$in-10UN	3/4in-10UN	31.000	1/4in × 2$\frac{1}{2}$in	2.906	2.718	2.313
2.875	2.313	1$\frac{1}{16}$in-10UN	3/4in-10UN	31.000	1/4in × 2$\frac{1}{2}$in	2.938	2.844	2.313

四、井底压力计丢手工具

该工具带有 J 型换向机构，如图 4-16 所示。当用钢丝将该工具下到预定位置后，下压即可旋转并释放压力计，且不会对压力计造成任何损伤，与此配套的是井下管柱中有坐放短节（工作筒）。井底压力计丢手工具外径通常为 1$\frac{1}{2}$in。

图 4-16 井底压力计丢手工具

第三节　投捞工具

钢丝作业投捞工具一般连接在基本工具串下面，用以投放或打捞井下工具。如果井下工具被卡死或不容易捞出，可通过剪断投捞工具内的丢手销钉，让投捞工具与井下工具脱手，避免出现井下复杂。有的井下工具正常投放也需要投捞工具剪断销钉脱手，使井下工具留在井下，投放工具串顺利起出井口。

一、投捞工具分类

（一）按打捞颈结构

井下工具的顶端都有一个可供投捞工具抓住的台阶，投捞工具通过该台阶完成抓取与释放，就能抓取或放开井下工具，包括这个台阶的工具顶端就叫打捞颈。

打捞颈分为外打捞颈和内打捞颈，如图4-17和图4-18所示。与之对应的投捞工具分为外投捞工具和内投捞工具。

常见的外投捞工具有OTIS公司的R系列和S系列投捞工具，CAMCO公司的J系列投捞工具。

常见的内投捞工具有OTIS公司的G系列投捞工具和CAMCO公司的PRS系列投捞工具。

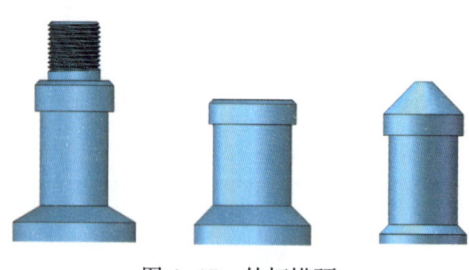

图4-17　外打捞颈　　　　　　　图4-18　内打捞颈

（二）按丢手销钉剪切方式

在某些情况下需要让投捞工具与井下工具脱开，可以通过剪断投捞工具内的丢手销钉来丢手。一般剪断丢手销钉的方式有两种：一种是向上震击剪断销钉；另一种是向下震击剪断销钉，即上击丢手式与下击丢手式。

常见的上击丢手式投捞工具有OTIS公司的R系列和GR型组合打捞工具，CAMCO公司的JU系列投捞工具，其中U表示向上震击。

常见的下击丢手式投捞工具有OTIS公司的S系列和GS型投捞工具，CAMCO公司的JD系列投捞工具，其中D表示向下震击。

二、基本投捞工具系列

（一）OTIS公司R系列投捞工具

R系列工具（图4-19）用于投捞具有外打捞颈的井下工具。R系列有RB、RS和RJ三个不同类型，它们之间的区别在于心轴长度不同，RB型心轴最长，RS型次之，RJ型最短，如图4-20所示。三种类型工具的任何一种都可通过改变心轴的类型而变成其他两种类型。在其他结构一致的情况下，不同的心轴长度对应不同的抓距。针对不同的打捞颈，选择合理的心轴长度是实现工具顺利投捞的重要前提。

R系列投捞工具的主要技术参数见表4-16。

（二）OTIS公司S系列投捞工具

S系列工具（图4-21）用于投捞具有外打捞颈的井下工具，向下震击剪断丢手销钉丢手。S系列最常用的类型是SB型和SS型（图4-22），两者除心轴长度不同之外其余都是相同的，SB型心轴长，抓距短；SS型心轴短，抓距长。SB型和SS型的抓距分别跟RB型和RS型一样。SB型和SS型可通过更换心轴相互变换。

图 4-19　R 系列投捞工具

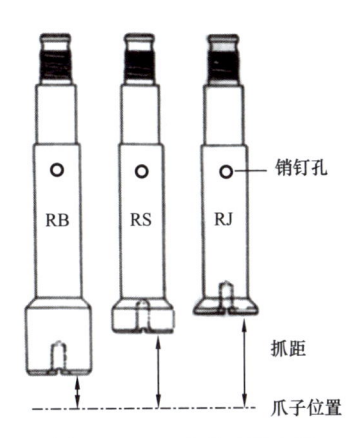

图 4-20　R 系列工具心轴

表 4-16　R 系列投捞工具主要技术参数

规格 in	打捞颈 in	最大外径 in	顶部螺纹	底部螺纹	适用打捞颈 in	剪切销钉	适用鱼顶深度 in RB	RS	RJ
1.188	0.875	1.188	5/8in-11UN	7/16in-14UN	0.875	3/16in×63/64in	1.296	—	—
1.25	1	1.215		3/8in-16UN	1	3/16in×1in	1.218	1.843	2.125
1.5	1.188	1.425			1.188	1/4in×1$^3/_{16}$in	1.265	2.547	1.797
2	1.375	1.765	15/16in-10UN	1/2in-13UN	1.375	5/16in×1$^{15}/_{32}$in	1.219	2.547	1.984
2.5		2.170			1.75	5/16in×1$^{53}/_{64}$in	1.203	2.547	1.984
3	2.313	2.742	1$^1/_{16}$in-10UN	5/8in-11UN	2.313	3/8in×2$^{25}/_{64}$in	1.297	2.609	2.190

图 4-21　S 系列投捞工具

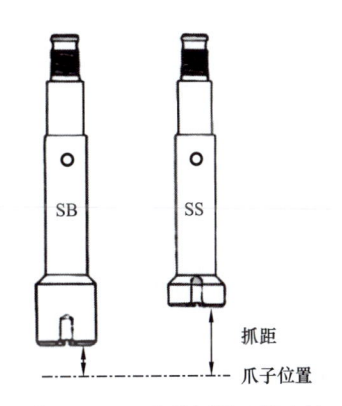

图 4-22　S 系列打捞工具心轴

除剪断丢手销钉的方式不同之外，OTIS 公司的 S 系列投捞工具与 R 系列投捞工具的工作原理相同。

S 系列投捞工具的主要技术参数见表 4-17。

表 4-17　S 系列投捞工具主要技术参数

规格 in	打捞颈 in	最大外径 in	顶部螺纹	底部螺纹	适用打捞颈 in	剪切销钉	适用鱼顶深度 in	
							SB	SS
1.25	1	1.219	5/8in–11UN	3/8in–16UN	1	$3/16\text{in} \times 1^{3}/_{32}\text{in}$	1.280	—
1.5	1.188	1.418			1.188	$3/16\text{in} \times 1^{17}/_{64}\text{in}$	1.297	1.780
2	1.375	1.765	15/16in–10UN	1/2in–13UN	1.375	$1/4\text{in} \times 1^{39}/_{64}\text{in}$	1.219	2.031
2.5		2.175			1.75	$1/4\text{in} \times 1^{63}/_{64}\text{in}$	1.281	2.000
3	2.313	2.742	$1^{1}/_{16}$in–10UN	5/8in–11UN	2.313	$5/16\text{in} \times 2^{1}/_{8}\text{in}$	1.500	2.210

（三）CAMCO 公司 J 系列投捞工具

J 系列的工具用于投捞具有外打捞颈的井下工具，根据剪断丢手销钉的震击方向不同分为 JU 和 JD 两种类型，如图 4-23、图 4-24 所示。它们在原理、尺寸等方面分别与 OTIS 公司的 R 系列和 S 系列投捞工具相类似。其中，JU 型为向上震击剪断销钉，JD 型为向下震击剪断销钉。JU 型的心轴与上接头相连，上接头本体上有螺孔，用于安装紧定螺钉锁紧上接头和心轴，外套通过销钉固定在心轴上，所用销钉比 JD 型的尺寸大；JD 型的外套与上接头相连，上接头上无螺孔，心轴通过销钉与外套固定，所用销钉比 JU 型的尺寸小。图 4-25 所示为 J 型打捞工具心轴。JU 型根据心轴长度的不同又分为 JUC、JUS

图 4-23　JU 型投捞工具　　图 4-24　JD 型投捞工具　　图 4-25　J 型打捞工具心轴

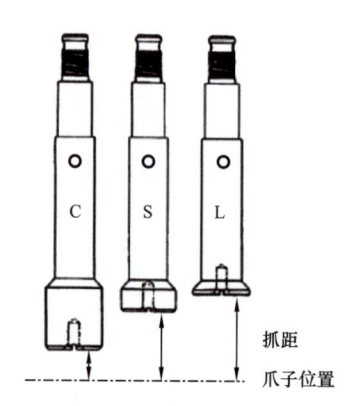

和 JUL 三种，其中，JUC 心轴最长，抓距最短；JUS 心轴适中，抓距适中；JUL 心轴最短，抓距最长。JD 型分为 JDC 和 JDS 两种，JDC 型心轴较长，抓距较短；JDS 型心轴较短，抓距较长。JU 和 JD 两种类型工具的主要部件可以互相替换。

表 4-18 JU 型投捞工具主要技术参数

规格 in	打捞颈 in	最大外径 in	顶部螺纹	底部螺纹	适用打捞颈 in	剪切销钉	适用鱼顶深度 in JUC	适用鱼顶深度 in JUS
1.25	1.188	1.290	15/16in-10UN	1/4in-20UN	0.875	$3/16in \times 1^{9}/_{64}in$	1.937	2.688
1.375	1.188	1.375	15/16in-10UN	1/4in-20UN	1	$3/16in \times 1^{9}/_{64}in$	1.875	2.625
1.5	1.188	1.422	15/16in-10UN	1/2in-13UN	1.188	$3/16in \times 1^{11}/_{64}in$	1.093	1.843
1.625	1.188	1.625	15/16in-10UN	1/2in-13UN	1.188	$3/16in \times 1^{11}/_{64}in$	1.093	1.843
2	1.375	1.859	15/16in-10UN	1/2in-13UN	1.375	$3/16in \times 1^{31}/_{64}in$	1.437	2.125
2.5	1.375	2.250	15/16in-10UN	1/2in-13UN	1.75	$3/16in \times 1^{27}/_{32}in$	1.312	2.187
3	1.750	2.797	15/16in-10UN	5/8in-11UN	2.313	$3/16in \times 2^{21}/_{64}in$	1.437	2.215

JD/SB/SS 系列下击丢手外投捞工具的选用原则：勾爪能勾住井下工具的打捞颈台阶，且心轴能抵达井下工具的顶端，即投捞工具需同时满足 $a>c$ 与 $b<d$ 两个条件，其中，a 为投捞工具的抓距，如图 4-26 所示。

表 4-19 JD 型投捞工具主要技术参数

规格 in	打捞颈 in	最大外径 in	顶部螺纹	底部螺纹	适用打捞颈 in	剪切销钉	适用鱼顶深度 in JDC	适用鱼顶深度 in JDS
1.25	1.188	1.290	15/16in-10UN	1/4in-20UN	0.875	$3/16in \times 1^{9}/_{64}in$	1.937	2.688
1.375	1.188	1.375	15/16in-10UN	1/4in-20UN	1	$3/16in \times 1^{9}/_{64}in$	1.875	2.625
1.5	1.188	1.422	15/16in-10UN	1/2in-13UN	1.188	$3/16in \times 1^{11}/_{64}in$	1.093	1.843
1.625	1.188	1.625	15/16in-10UN	1/2in-13UN	1.188	$3/16in \times 1^{11}/_{64}in$	1.093	1.843
2	1.375	1.859	15/16in-10UN	1/2in-13UN	1.375	$3/16in \times 1^{31}/_{64}in$	1.437	2.125
2.5	1.375	2.250	15/16in-10UN	1/2in-13UN	1.75	$3/16in \times 1^{27}/_{32}in$	1.312	2.187
3	1.750	2.797	15/16in-10UN	5/8in-11UN	2.313	$3/16in \times 2^{21}/_{64}in$	1.437	2.215

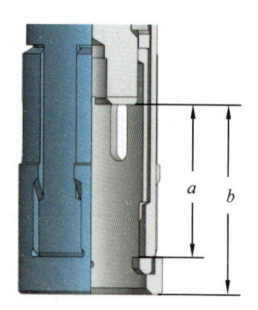

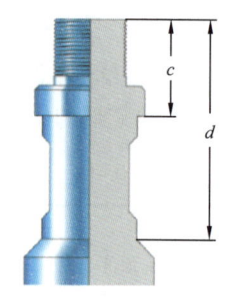

图 4-26　工具选用尺寸示意图

（四）OTIS 公司 G 系列投捞工具

G 系列工具用于投捞具有内打捞颈结构的井下工具，一般分为 GR 型和 GS 型两种类型，GR 型靠向上震击剪断丢手销钉，GS 型则是向下震击剪断丢手销钉。GR 型是由 GS 型加上一个 GR 型附件即 GU 型所组成，如图 4-27 和图 4-28 所示。在使用 GR 型时必须卸掉 GS 型部分的销钉，只装 GU 型上的销钉，否则向上和向下震击都不能剪断销钉。

表 4-20　G 系列投捞工具主要技术参数

类型	尺寸 in	外径 in	打捞颈 in	打捞内径 in	顶部螺纹	底部螺纹
GS	1.5	1.47	1.188	1.06	15/16in–10UN	1/2in–13UN
	2	1.81	1.375	1.38		
	2.5	2.25	1.750	1.81	1$^1/_{16}$in–10UN	5/8in–11UN
	3	2.72	2.313	2.31		
	3.5	3.11		2.62		1$^3/_8$in–11UN
GR	1.5	1.47	1.188	1.06	15/16in–10UN	1/2in–13UN
	2	1.81	1.375	1.38		
	2.5	2.25	1.750	1.81	1$^1/_{16}$in–10UN	5/8in–11UN
	3	2.72	2.313	2.31		
	3.5	3.11		2.62		1$^3/_8$in–11UN

GRL 型投捞工具是由 GR 型工具换一个加长的心轴形成，用于打捞 D 型的接箍式锁芯或 DD 型堵塞器，但它不能用于打捞具有标准内打捞颈的工具，如 X 型和 R 型锁芯等 OTIS 公司的标准井下工具。

图 4-27　GS 型投捞工具　　　图 4-28　GR 型投捞工具

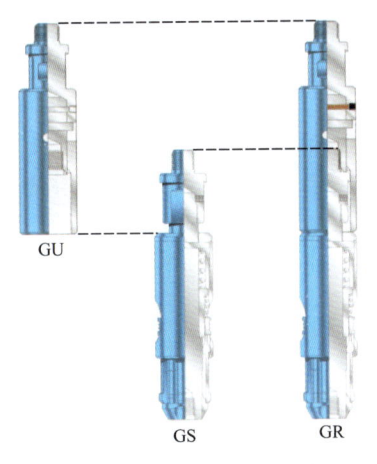

（五）CAMCO 公司 PRS 系列投捞工具

PRS 型工具用于投捞具有内捞颈的工具，靠向下震击剪断销钉丢手，与 GS 投捞工具功能相同，结构相似，基本原理也相似，如图 4-29 所示。表 4-21 为 PRS 系列投捞工具主要技术参数。

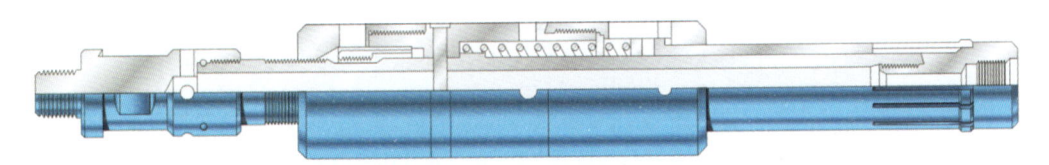

图 4-29　PRS 型投捞工具

表 4-21　PRS 系列投捞工具主要技术参数

规格 in	外径 in	打捞颈 in	打捞内径 in	顶部螺纹	底部螺纹
2	1.81	1.375	1.375	15/16in-10UN	1/2in-13UN
2.5	2.25	1.375	1.750		

CAMCO 公司的投捞工具工作原理与 OTIS 公司相应的工具相同，其他很多方面也非常类似。两种工具最主要的区别在于 CAMCO 公司的工具勾爪台阶是 90°，OTIS 公司的工具钩爪向内有 15°倾角，如图 4-30 所示。

因此，CAMCO 公司的投捞工具不能用于 OTIS 公司或 BOWEN 公司的井下工具，反之亦然。两种工具互用可能会损坏井下工具的打捞颈和投捞工具的勾爪。

此外，CAMCO 公司的投捞工具外径尺寸比 OTIS 公司相应的工具尺寸要大些。

综上所述，不同的打捞颈对应不同的投捞工具，可以通过表 4-22 进行初步选择。

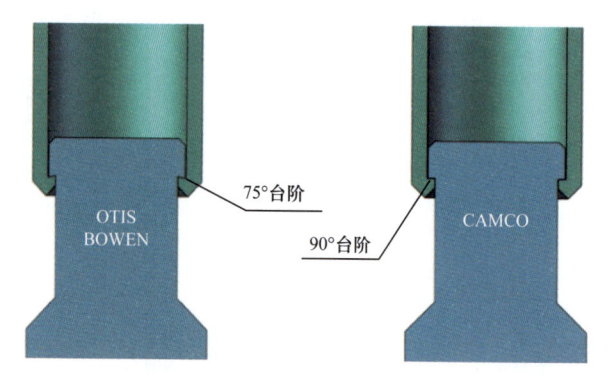

图 4-30　CAMCO 公司与 OTIS 公司投捞工具的区别

表 4-22　OTIS 公司与 CAMCO 公司基本投捞工具特点对比

公司	工具型号		作用		切断销钉方向		抓距	连接形式
	系列	型号	投放	打捞	向上	向下		
OTIS	R	RB	×	√	√	×	短	外打捞颈
		RS					中	
		RJ					长	
	S	SB	√	√	×	√	短	
		SS					中	
	G	GR	/	√	√	×	标准	内打捞颈
		GS			×	√	标准	
		GRL			√	×	长	
CAMCO	JU	JUC	×	√	√	×	短	外打捞颈
		JUS					中	
		JUL					长	
	JD	JDC	√	√	×	√	短	
		JDS					中	
	PRS	PRS	/	√	√	√	长	内打捞颈

第四节　辅 助 工 具

一、快速接头

快速接头连接在基本工具串和井下工具之间，目的是在多次钢丝作业之间能够快速更换井下工具，便于井口操作。快速接头有多种连接类型，如图 4-31 所示。通常有 1.5in、1.875in、2.125in 和 2.5in 四种尺寸规格。

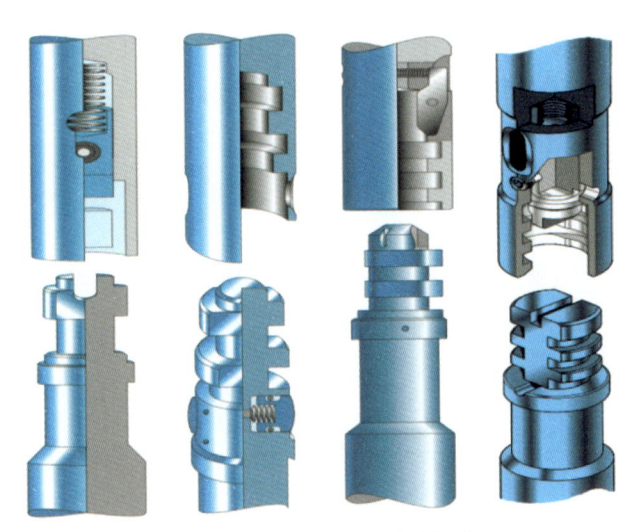

图 4-31　不同类型的快速接头

二、通径规

通径规上端接头加工有连接螺纹，与钢丝作业工具串相连，下端本体最大外径应大于或等于后续作业的井下工具外径（图 4-32，表 4-23）。在下入井下装置之前需先下入通径规，这样可以确认井下装置是否能够通过油管，并可确定油管中坐落接头的位置。由于通径规的外径稍大于井下装置的外径，因此还可以将油管中的蜡、锈垢及岩屑刮掉。

图 4-32　通径规

表 4-23　通径规主要技术参数

外径范围 in	打捞颈外径 in	连接螺纹
1.25～1.5	1.188	15/16in-10UN
1.5～2.0	1.375	
2.0～2.5	1.375	
2.5～3.0	1.75	$1^1/_{16}$in-10UN
3.0～4.0	1.75	
4.0～50	2.313	
5.0～6.0	3.125	$1^9/_{16}$in-10UN

通径规尺寸选择的通常做法：油管内径减去 0.125in（3.175mm）后得到的尺寸数据，则是该油管所匹配标准通径规外径。正常工况下，通径规应能顺利达到设计井深位置，若遇阻则说明井下油管有变形或存在阻塞物。

三、扶正器

扶正器在外周面采用刚性/柔（弹）性的扶正构架，确保钢丝作业关键工具居于油套管中心，完成投捞作业。常用钢丝作业扶正器如图 4-33 所示。表 4-24 和表 4-25 分别为刻槽扶正器和弹簧扶正器主要技术参数。

表 4-24 刻槽扶正器主要技术参数

尺寸范围 in	连接螺纹	打捞颈外径 in
1.5～2.0	15/16in-10UN	1.375
2.5～3.5	$1\ ^1/_{16}$in-10UN	1.75
3.5～4.5	$1\ ^9/_{16}$in-10UN	2.313
4.5～6.0		

表 4-25 弹簧扶正器主要技术参数

外径 in	连接螺纹	打捞颈 in	张开尺寸 in
1.50	15/16in-10UN	1.375	$2^1/_{16}$～$2^7/_8$
1.875		1.75	$2^7/_8$～4

(a) 刚性扶正器　(b) 滚轮扶正器　(c) 刻槽扶正器　(d) 柔性/弹簧扶正器　(e) 滚珠扶正器　(f) 支撑臂扶正器

图 4-33 常用钢丝作业扶正器

四、钢丝刷

钢丝刷上端与钢丝作业工具串相连接，下端本体孔眼中布置有不同朝向钢丝绳，用以清除油管内壁的毛刺、蜡等附着物，清洁油管内壁，利于后期绳索作业工具串顺利入井（图 4-34，表 4-26）。

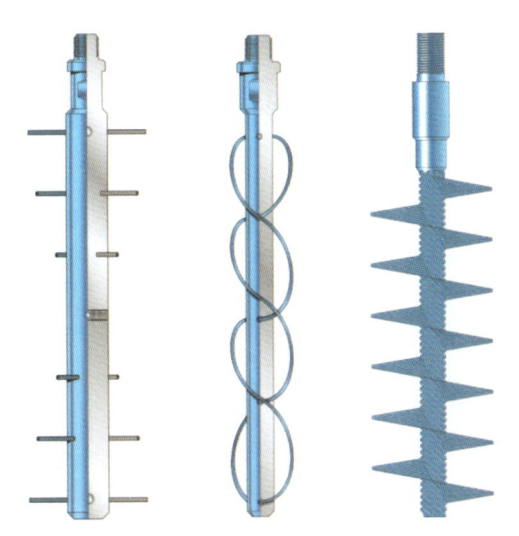

图 4-34　不同类型钢丝刷

表 4-26　钢丝刷主要技术参数

外径 in	连接螺纹	打捞颈 in	长度 in	钢丝绳/电缆尺寸 in
1.25	15/16in-10UN	1.188	24，36	7/32
1.50	15/16in-10UN	1.375	24，36	7/32
1.875	$1\frac{1}{16}$in-10UN	1.75	24，36	7/32
2.25	$1\frac{1}{16}$in-10UN	1.75	24，36	7/32
2.50	$1\frac{9}{16}$in-10UN	2.313	24，36	7/32

五、倾倒筒

倾倒筒上端接头加工有连接螺纹，下端本体腔体中可以灌入所需介质，用于将酸液和其他介质输送到井眼中最有效的位置倾倒出来（图 4-35，表 4-27）。

图 4-35　倾倒筒

表 4-27　倾倒筒主要技术参数

外径 in	打捞颈 in	连接螺纹	容积 L
1.75	1.75	$1\frac{1}{16}$in-10UN	1.8
2.25	1.75	$1\frac{1}{16}$in-10UN	2.5

六、捞砂筒

捞砂筒用于捞出井筒内砂粒等垢物，解除油管出砂堵塞以及井内污垢等（图 4-36，表 4-28）。

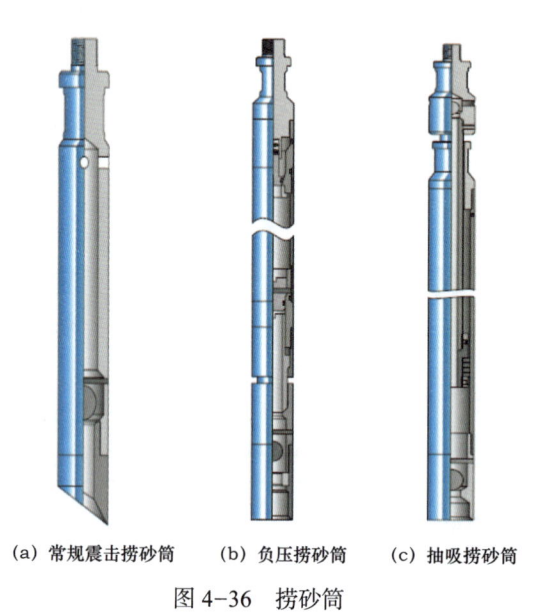

(a) 常规震击捞砂筒　　(b) 负压捞砂筒　　(c) 抽吸捞砂筒

图 4-36　捞砂筒

表 4-28　捞砂筒主要技术参数

外径 in	打捞颈 in	连接螺纹	长度 in	容积 L/ft
1.50	1.375	15/16in-10UN	60	0.2
1.875	1.75	$1\frac{1}{16}$in-10UN	60	0.3
2.00	1.75	$1\frac{1}{16}$in-10UN	60	0.4
2.25		$1\frac{9}{16}$in-10UN	60	0.5
2.50	2.313	$1\frac{9}{16}$in-10UN	60	0.6
3.00	2.313	$1\frac{9}{16}$in-10UN	60	0.9

捞砂筒分为两大类型：一类为常规震击捞砂筒和抽吸捞砂筒；另一类为负压捞砂筒。常规震击捞砂筒具有结构简单、使用方便、适用范围广等优点；抽吸捞砂筒由抽吸筒和捞砂筒组成，适用于地层出砂不实（软）、泥浆沉淀等情况。负压捞砂筒也称为静压捞砂筒，该型捞砂筒又分为两种捞砂打开模式，即剪切销钉式和破裂盘式。选用该型捞砂筒时，要求井内砂为实底硬砂。负压捞砂筒另外还可充当倾倒筒功能，在捞砂筒内灌入所需介质，至遇阻点倾倒出来。

使用时，应根据井下出砂情况选择适用捞砂筒类型。为了防止捞砂筒进入砂中太深影响工具提出，通常选用抽吸捞砂筒进行第一井次捞砂作业，捞砂筒遇阻后，快速上提进行抽吸，重复适当次数后，上提至井口验证捞砂情况，再决定选用何种捞砂筒。

注意事项：

（1）选用任何捞砂筒遇阻后只许向下震击一次，提出、下放、再震击一次操作。防止捞砂筒插入砂中太深而无法提出工具。

（2）选用负压捞砂筒捞砂时，提出后先泄压，再拆卸操作。

七、防上移工具

防上移工具连接在工具串中，防止工具串上窜（图4-37，表4-29）。在钢丝作业过程中，受工具上/下、油套环空压力变化或段塞流的影响，造成的液体冲击使工具串急剧上顶，导致钢丝受损或断裂。为防止工具串在瞬间被上顶扭断钢丝，通常在工具串的顶部加装防上移工具，防止工具串上移损坏钢丝。防上移工具仅凭钢丝的拉力难以解卡，而以震击的方式则只需要较小的震击力即可解卡，因此需要配合震击器使用。该工具也可用于对大液量井进行流压测试，防止井筒中段塞流上顶工具串出现作业事故。

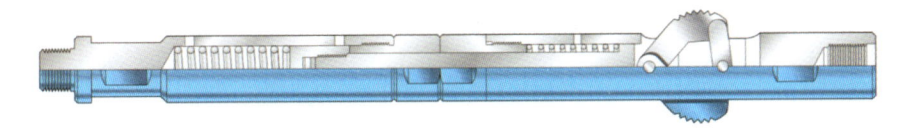

图 4-37 防上移工具

表 4-29 防上移工具主要技术参数

规格 in	打捞颈外径 in	连接螺纹	适用油管 in
1.625	1.375	15/16in-10UN	$2^{3}/_{8} \sim 2^{7}/_{8}$
1.875	1.750	$1^{1}/_{16}$in-10UN	$2^{7}/_{8} \sim 3^{1}/_{2}$

八、油管定位器

油管定位器作为钢丝作业的可回收锚定器，可坐落于标准油管的任何位置，特别适用于油管穿孔作业时提供一个定位（图4-38，表4-30）。

油管定位器采用下震击丢手的投捞工具下入井内，当到达预定位置后，加速下震击使卡瓦张开坐停在油管上，继续下震击使卡瓦锚住油管并释放投捞工具。该工具也可采用下震击丢手的投捞工具上震击捞回。

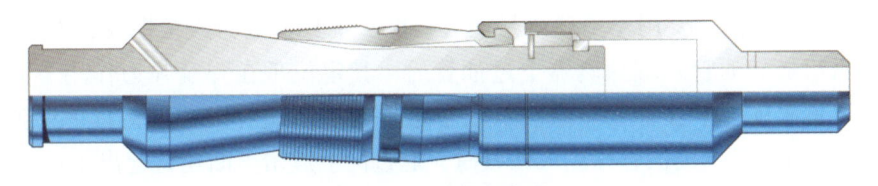

图 4-38 油管定位器

表 4-30　油管定位器主要技术参数

规格 in	打捞颈外径 in	收拢外径 in/mm	适用油管 in
1.47	1.188	1.47/37.34	$2^{3}/_{8}$
2.28	1.750	2.28/57.94	$2^{7}/_{8}$
2.72	2.313	2.72/69.04	$3^{1}/_{2}$

九、MF 型坐卡工具

MF 型坐卡工具可以卡定在任何 API 油管接箍处，为其他作业提供临时拉足点或拦截意外掉入井底的工具，如图 4-39 所示。表 4-31 为 MF 型坐卡工具主要技术参数。

使用 F 型坐卡送入工具进行送井、回收，当下至预定深度，首先上提使弹簧挂入接箍处，上提工具拉开弹簧使卡瓦撑开，然后再下放让卡瓦进入接箍，再向下震击工具剪断销钉使中心管落入弹性卡瓦爪以锁紧座卡。

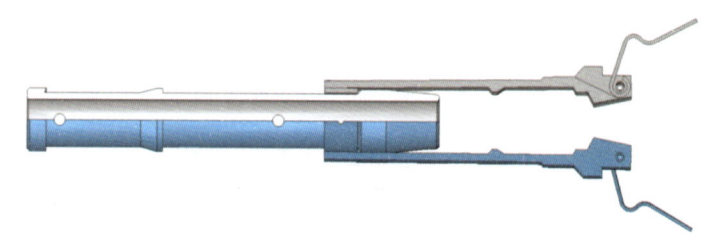

图 4-39　MF 型坐卡工具

表 4-31　MF 型坐卡工具主要技术参数

规格 in	打捞颈外径 in	最大外径 in/mm	收拢外径 in/mm
2	1.375	1.375/34.93	0.875/22.23
2.5	1.750	1.750/44.45	1.125/28.58
3	2.313	2.313/58.75	1.625/41.28

十、油管末端探测器

油管末端探测器主要用于精确测量油管长度。工具上端为连接螺纹，下端本体由弹簧和定位爪组成。油管末端探测器下过油管后，其定位爪在弹簧弹力作用下向外张开，此时上提工具串就能卡在油管末端。从绞车悬重表可明显看出井下工具串遇阻力上升，此时从绞车计数器可读出油管深度。回收时，通过向上震击剪断销钉起出工具串。

油管末端探测器主要技术参数见表 4-32。

(a) 单臂油管末端探测器　　(b) 双臂油管末端探测器

图 4-40　油管末端探测器

表 4-32　油管末端探测器主要技术参数

规格 in	打捞颈外径 in	连接螺纹	适用油管 in
1.5	1.375	15/16in-10UN	$2^3/_8 \sim 2^7/_8$
1.875	1.750	$1^1/_{16}$in-10UN	$2^7/_8 \sim 3^1/_2$

十一、强磁打捞工具

强磁打捞工具利用磁铁吸附井中掉落的含铁碎片或较小工具，磁铁外面有绝缘的保护套，防止在回收过程中被吸附的含铁碎片或打捞物再掉落入井。

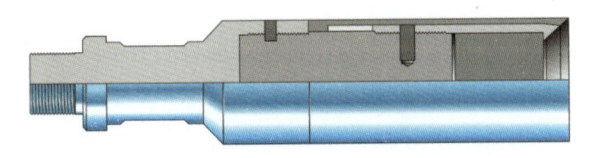

图 4-41　强磁打捞工具

表 4-33　强磁打捞工具主要技术参数

规格 in	打捞颈外径 in	连接螺纹
1.5	1.375	15/16in-10UN
1.875	1.750	$1^1/_{16}$in-10UN
2		
2.5		
3.5	2.313	$1^9/_{16}$in-10UN

- 85 -

十二、B型插杆

B型插杆用于打开贝克系列锁紧芯轴的锁定键,然后回收锁定心轴(图4-42,表4-34)。

图4-42　B型插杆

表4-34　技术参数及外形结构示意图

规格 in	打捞颈外径 in	上端螺纹	下端螺纹
1.25	0.688	3/8in-16UN	1/4in-20UN
1.5	0.938		7/16in-14UN
2	1.063	1/2in-13UN	
2.5	1.500		1/2in-13UN
3	2.000	5/8in-11UN	5/8in-11UN

第五节　复杂处理工具

一、钢丝探测器

钢丝探测器上部为标准外打捞颈,下部为圆筒结构,筒体上因铣有多条竖槽而分为多瓣探爪,探爪具有较好的弹性。钢丝探测器用于寻找井下钢丝断头的位置,并将鱼顶钢丝造弯,便于后续下入捞矛打捞钢丝(图4-43,表4-35)。

如果预计钢丝头在安全阀以下,由于安全阀内径比正常油管内径小,该工具下井之前需将其爪稍微张开一些,所以过安全阀时不要震击,以免工具底部的探爪被弄断,使事故更加难于处理。如果钢丝头位置较深,而钢丝头上部有内径较小的坐落接头时,该工具可能无法发现钢丝头的位置。当工具下到预计钢丝位置上面50m左右时应放慢速度,仔细观察绞车悬重表的重量变化,以确定钢丝断头的位置。

图4-43　钢丝探测器

钢丝断头位置计算见附录A。

表 4-35　钢丝探测器技术参数

外径范围 in	打捞颈外径 in	连接螺纹
1.5～2.5	1.375	15/16in-10UN
2.5～3.5	1.75	$1\frac{1}{16}$in-10UN

二、钢丝捞矛

钢丝捞矛分为外捞矛和内捞矛。

外捞矛将倒钩焊接到中心杆上，用于打捞井下的钢丝，如图 4-44 所示。采用此工具前需对钢丝鱼顶进行整形，或配合钢丝探测器、扶正器同时使用，形成易于让倒钩勾住的多个 U 形钢丝或环状钢丝团，最终抓住主钢丝并打捞出井口。常用规格为 2in 和 $2\frac{1}{2}$in，上端螺纹通常为 15/16in-10UN。表 4-36 为钢丝外捞矛主要技术参数。

内捞矛与外打捞矛功能类似，用于回收油管中断裂的钢丝，如图 4-45 所示。该打捞矛具有足够的柔韧性，能够弯曲和紧贴油管内壁，从而防止钢丝漏掉。在用于大尺寸井筒中打捞时，可以采用类似结构将尺寸放大，或者在上端考虑设计挡板以适应大尺寸井筒。通常结构为两瓣式和三瓣式，施工中优先采用两瓣式。表 4-37 为钢丝内捞矛主要技术参数。

如果捞矛超过钢丝头 1～2m 才抓住钢丝，就可能造成钢丝在捞矛顶部堆积而捞不出钢丝的严重后果。为避免出现这种情况，每次用捞矛打捞钢丝时，可将捞矛与绳帽连接后再接在 RB 型投捞工具之下入井。一旦捞矛被钢丝缠住，就可通过向上震击在 RB 投捞工具处丢手。

在复杂井中打捞钢丝时，单一的外捞矛或内捞矛不一定打捞成功，这时，通常采用复合打捞工具（图 4-46）。

图 4-44　钢丝外捞矛 　　图 4-45　钢丝内捞矛 　　图 4-46　不同类型的复合打捞工具

表 4-36　钢丝外捞矛主要技术参数

规格 in	打捞颈外径 in	最大外径 in/mm	连接螺纹
1.5	1.375	1.500/38.10	15/16in-10UN
1.75	1.375	1.750/44.45	15/16in-10UN
1.875	1.75	1.875/47.63	$1\frac{1}{16}$in-10UN
2.00	1.75	2.000/50.80	$1\frac{1}{16}$in-10UN
2.50	2.313	2.500/63.50	$1\frac{9}{16}$in-10UN
3.00	2.313	3.000/76.20	$1\frac{9}{16}$in-10UN

表 4-37　钢丝内捞矛主要技术参数

规格 in	打捞颈外径 in	连接螺纹	矛片数量	适用油管尺寸 in
1.5	1.375	15/16in-10UN	2	$2\frac{3}{8}$
1.75	1.75	$1\frac{1}{16}$in-10UN	3	$2\frac{7}{8}$
2.25	1.75	$1\frac{1}{16}$in-10UN	3	$2\frac{7}{8}$
2.625	1.75	$1\frac{1}{16}$in-10UN	3	$3\frac{1}{2}$
3.5	2.313	$1\frac{9}{16}$in-10UN	3	$3\frac{1}{2}$

三、盲锤

盲锤通常由实心合金棒料加工而成，上端为打捞颈结构，下端为平底结构，用于敲击或砸碎在井下碰到的阻塞物体，也可用于打捞时砸断绳帽上的钢丝（图4-47，表4-38）。

四、铅印（铅模）

铅印（铅模）上端为打捞颈，下端由空心的钢套和固定在钢套中的铅印组成。在打捞作业之前，可通过钢丝作业下入铅印，利用铅较软的特性确定需要打捞的物件的形状、尺寸和位置，为选择合适的打捞工具和打捞方案提供依据（图4-48，表4-39）。

图 4-47　盲锤　　图 4-48　铅印

表 4-38 盲锤主要技术参数

规格 in	打捞颈外径 in	最大外径 in/mm	连接螺纹
0.75	0.688	0.75/19.05	1/2in–13UN
1	0.875	1.000/25.40	5/8in–10UN
1.25	1.188	1.250/31.75	15/16in–10UN
1.5	1.188	1.500/31.75	15/16in–10UN
2	1.375	1.750/44.45	15/16in–10UN
2.5	1.375	2.250/57.15	15/16in–10UN
3	1.750	2.625/66.68	$1\frac{1}{16}$in–10UN

表 4-39 铅印主要技术参数

规格 in	打捞颈外径 in	最大外径 in/mm	连接螺纹
0.75	0.688	0.750/19.02	1/2in–13UN
1	0.875	1.000/25.40	5/8in–11UN
1.25	1.188	1.250/31.75	15/16in–10UN
1.5	1.188	1.500/38.10	15/16in–10UN
2	1.375	1.750/44.45	15/16in–10UN
2.5	1.750	2.250/53.98	$1\frac{1}{16}$in–10UN
3	1.750	2.625/66.68	$1\frac{1}{16}$in–10UN

五、钢丝切刀（撞击式）

当作业工具串被卡在井中，钢丝提供的力不足以把工具串拉出来时，就需采用钢丝切刀剪断钢丝。使用时，把钢丝放进钢丝切刀的槽中，再装上销钉，让钢丝切刀顺着钢丝在油管中自由下落，它底部的引鞋在冲击力的作用下把钢丝绳帽上方剪断。

根据钢丝切刀底部形状可分为两种类型：斜底式和平底式，如图4-49所示。钢丝切刀的规范与加重杆基本相同，通常有1.5in、1.875in和2.5in三种规格，适用钢丝直径0.092～0.218in（表4-40）。

(a) 平底式　　(b) 斜底式

图 4-49 钢丝切刀

表 4-40　钢丝切刀主要技术参数

规格 in	打捞颈外径 in	长度 ft/mm	适用钢丝直径 in
1.5	1.375	2/609.60	0.092～0.108
		3/914.40	0.125
		5/1524.00	0.187
1.875	1.75	2/609.60	0.092～0.108
		3/914.40	0.187
		5/1524.00	0.218
2.5	2.313	2/609.60	0.092～0.108
		3/914.40	0.187
		5/1524.00	0.218

六、肯利割刀

肯利割刀在开槽的本体内，利用斜面刀块的相对移动剪切钢丝，如图 4-50 所示。使用时，利用本体的槽可将工具装到钢丝上，工具靠本体的重量顺着钢丝落在井下绳帽上。在冲击作用下，工具底部内芯上移，从而压迫梯形滑块侧移，滑块下部刀刃切断钢丝，上部斜面的开口使上部钢丝弯折。因此钢丝切断后，该工具可以和钢丝一起提出。

七、管壁割刀

管壁割刀是一种非选择工具，在无法剪切绳帽处钢丝时，可在绳帽以上其他剪切工具遇阻点剪断钢丝，如图 4-51 所示。该工具类似油管卡瓦的工作原理，遇阻后锥形体下移，迫使刀片向上扩张到锥体上端将钢丝割断。使用时，该工具接在 C 型下入工具或 SB 型投捞工具之下，下到预定深度时快速下放使刀片撑开咬住油管，再向下震击即可切断钢丝和下入工具销钉。选用该工具前，需确认其他工具已无法剪切绳帽处钢丝，同时落井钢丝与工具、仪器等决定不再处理。

八、弗洛割刀

该工具可在离绳帽很近的地方切断井下钢丝，最大可切断 6.4mm（1/4in）直径的钢丝（图 4-52，表 4-43）。该工具切断钢丝后还能将钢丝头弄弯，随切断的钢丝一起回收。

图 4-50 肯利割刀　　图 4-51 管壁割刀　　图 4-52 弗洛割刀

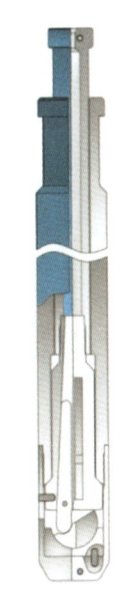

表 4-41 肯利割刀主要技术参数

规格 in	最大外径 in/mm	打捞颈外径 in	适用钢丝 in
1.25	1.250/31.75	1.188	0.092～0.125
1.5	1.500/38.10	1.375	
1.875	1.875/47.63	1.75	
1.875			0.187～0.219
2.125	2.125/53.98		0.092～0.125
2.125			0.187～0.219
2.5	2.5/63.50	2.313	0.092～0.125
2.5			0.187～0.219

表 4-42 管壁割刀主要技术参数

收拢外径 in/mm	撑开外径 in/mm	打捞颈外径 in	适用油管 in
1.78/45.21	2.00/50.80	1.375	$2\frac{3}{8}$
2.25/57.15	2.44/61.98	1.750	$2\frac{7}{8}$
2.72/69.09	2.99/75.95	2.313	$3\frac{1}{2}$

- 91 -

表 4-43 弗洛割刀主要技术参数

规格 in	外径 in/mm	打捞颈外径 in	适用钢丝直径 in
1.5	1.500/38.10	1.375	0.092～0.125
1.875	1.875/47.63	1.75	

九、卡瓦打捞筒

卡瓦打捞筒用于打捞掉井的无常规打捞颈的棒状工具（图 4-53，表 4-44）。可选择性丢手卡瓦打捞筒可在无法起出井下落鱼的情况下，通过下震击剪断安全销钉丢手（图 4-54，表 4-45）。

图 4-53 卡瓦打捞筒　　图 4-54 可选择性丢手卡瓦打捞筒

表 4-44 卡瓦打捞筒主要技术参数

规格 in	打捞颈外径 in	连接螺纹	适用鱼头直径 in
1.85	1.375	15/16in-10UN	0.50～1.50
2.25			0.50～1.75
2.625	1.75	$1\frac{1}{16}$in-10UN	0.50～2.00
3.25	2.313		0.50～2.31
3.8		$1\frac{9}{16}$in-10UN	0.50～2.75

表 4-45 可选择性丢手卡瓦打捞筒主要技术参数

规格 in	打捞颈外径 in	连接螺纹	适用鱼头直径 in
1.75	1.375	15/16in-10UN	0.5~0.75
			0.75~1
			1~1.25
2.25			0.5~0.75
			0.75~1
			1~1.25
			1.25~1.5
			1.5~1.75
2.625	1.75	$1\tfrac{1}{16}$in-10UN	0.5~0.75
			0.75~1
			1~1.25
			1.25~1.5
			1.5~1.75
			1.75~2
3.8	2.313	$1\tfrac{9}{16}$in-10UN	0.5~1
			0.95~1.4
			1.4~1.85
			1.85~2.3
			2.3~2.75

十、卡瓦打捞矛

卡瓦打捞矛用于打捞无常规打捞颈的顶部筒状掉井工具（图 4-55，表 4-46）。可选择性丢手卡瓦打捞矛可在无法起出井下落鱼的情况下，通过下震击剪断安全销钉丢手（图 4-56，表 4-47）。

十一、鳄鱼夹

鳄鱼夹用于打捞井下一些稀松落物或小件落物（图 4-57，表 4-48）。该工具到达落物位置后，向下的力可切断销钉使夹头闭合抓住落物。当落物不能捞出时，可向上震击丢手。

图 4-55　卡瓦打捞矛　　　图 4-56　可选择性丢手打捞矛　　　图 4-57　鳄鱼夹

表 4-46　卡瓦打捞矛主要技术参数

规格 in	打捞颈外径 in	连接螺纹	适用鱼腔内径 in
1.5	1.375	15/16in–10UN	0.50～0.75
			0.75～1.00
			1.00～1.25
			1.25～1.50
1.75			1.50～1.75
2.25			1.75～2.25
2.75	1.750	$1\frac{1}{16}$in–10UN	2.25～2.75
3.25	2.313		2.75～3.25

表 4-47　可选择性丢手卡瓦打捞矛主要技术参数

规格 in	打捞颈外径 in	最大外径 in/mm	连接螺纹	适用鱼腔内径 in
2	1.375	1.810/45.97	15/16in–10UN	1.125～1.875
2.5	1.750	2.250/57.15		1.875～2.500
3		2.625/66.68	$1\frac{1}{16}$in–10UN	2.250～2.875
3.5	2.313	3.110/78.99		2.625～3.125
4		3.625/92.08		3.125～3.750

表 4-48 鳄鱼夹主要技术参数

规格 in	打捞颈外径 in	最大外径 in/mm	连接螺纹
1.25	1.188	1.25/31.75	15/16in-10UN
1.50		1.50/38.10	
2.00	1.375	2.00/50.80	
2.50	1.75	2.50/63.50	$1^{1}/_{16}$in- 10UN
3.00		3.00/76.20	
3.50		3.50/88.90	
4.00		4.00/101.60	

第六节 特殊作业工具

一、胀管器

胀管器上端为打捞颈，下端是锥形，中间为圆柱形，该圆柱形外径尺寸接近于油管内径，圆柱中间和上部孔道为液流通道（图 4-58）。当油管出现微变形时，可通过该工具的起下和震击将油管修整好便于井下装置通过。下入胀管器时最好接液压震击器，以增加向上震击力。在选择胀管器时应该遵循从小到大和不能强行通过的原则。

二、油管刮刀

油管刮刀用于将射孔产生的油管毛刺清掉，也可将油管内铁锈清除，将微弯曲的油管整形。工具下面的旋槽短管外径尺寸较小，第二节尺寸较大，最上一节的外径与油管内径相当（图 4-59，表 4-49）。

图 4-58 胀管器

图 4-59 油管刮刀

选用油管刮刀也应该遵循从小到大和不能强行通过的原则，作业时最好配套液压震击器，向下震击几次后应向上震击，避免卡死。

表 4-49 油管刮刀主要技术参数

尺寸范围 in	打捞颈外径 in	连接螺纹
1.25～1.5	1.188	15/16in-10UN
1.5～2.0	1.375	15/16in-10UN
2.0～2.5	1.375	15/16in-10UN
2.5～3.5	1.75	$1\frac{1}{16}$in-10UN

三、扩孔器（牙轮式）

扩孔器用于处理切除因射孔、锈蚀、弯曲油管等引起的毛口和毛刺（图 4-60，表 4-50）。

图 4-60 扩孔器

表 4-50 扩孔器主要技术参数

规格 in	打捞颈外径 in	最大外径 in/mm	上端螺纹
2	1.375	1.910/48.51	15/16in-10UN
2.5	1.375	2.347/59.61	15/16in-10UN
3	1.750	2.897/73.58	$1\frac{1}{16}$in-10UN

四、油管打孔工具

（一）机械打孔工具

机械打孔工具用于普通油管打孔，使用时只需配置加重杆，依靠钢丝作业上下运动、震击实现在油管上打孔。工具由打孔定位器和油管打孔器两部分组成（图 4-61，表 4-51）。

图 4-61 油管打孔器

油管打孔器的打孔原理：打孔工具内部拉杆向下运动，推动钻头侧面支点，使径向力转换成轴向力，同时产生旋转动作，使打孔钻头横向运动并缓慢旋转钻入油管内壁。刚开始在油管内壁上打开一个小洞，随着力度增加，钻头继续钻进并扩张洞孔，使其达到设计尺寸，钻头进入环空。实现打孔目的后，上提拉杆切断钻头尾部，使其与工具脱离后掉落井内。

表 4-51　油管打孔器主要技术参数

适用油管 in	打捞颈外径 in	打孔尺寸 in	连接螺纹
$2^7/_8$	1.375	3/8	15/16in-10UN
$3^1/_2$	1.75	7/16	$1^1/_{16}$in-10UN

（二）火药打孔工具

火药打孔工具采用火药爆炸产生的能量作为动力源，对油管实现打孔（图 4-62）。由于炸药量是经过精确计算和经地面做实验验证的，对套管不会造成损伤。根据实际需要和打孔工具的性能，可以对油管进行火药金属流射孔（孔径可能不规则），或在油管壁上打出标准圆孔（锚定单流阀），用于实现气井建立循环、气举、化学药剂注入或泄压等功能（图 4-63 和图 4-64）。

火药打孔工具打孔参数：

射孔孔径，8.5～19mm（0.334～0.75in）。

单流阀，6.35mm（0.25in）。

标准圆孔，0.8～12.7mm（0.031～0.5in）。

图 4-62　KINLEY 公司油管打孔器（本体内装有火药）

图 4-63　火药金属流射孔（孔径较难精确控制）

图 4-64　油管壁上打出标准圆孔（孔径根据设计定制）

五、MB 型开关工具

MB 型开关工具用于打开/关闭循环滑套，适用于 MXA、MRA、MXO、MA、MC、MCB、MWB、ML、MCM 等型号滑套。MB 型开关工具具有非选择性开关键，属于可通过式开关工具，在完成一个循环滑套的打开/关闭操作后，可以自动和该循环滑套脱开，完成下一个循环滑套的打开/关闭操作，因此可以一次性打开/关闭一趟管柱中所有的循环滑套，前提是一趟管柱中所有的循环滑套型号一致（图 4-65，表 4-52）。

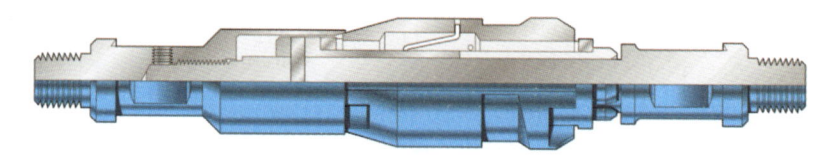

图 4-65　MB 型开关工具

表 4-52　MB 型开关工具主要技术参数

规格 in	打捞颈外径 in	总长 in	上下端螺纹	开关键 撑开外径	开关键 收拢外径	剪切销
1.250	1.000	9.625	5/8in–11UN	1.453	1.210	3/16in × 15/16in
1.500	1.188	10.500	15/16in–10UN	1.719	1.406	1/4in × 1$\frac{1}{8}$in
1.625	1.188	10.938	15/16in–10UN	1.890	1.593	1/4in × 1$\frac{1}{8}$in
1.710	1.188	10.813	15/16in–10UN	2.094	1.688	1/4in × 1$\frac{1}{8}$in
1.781	1.375	11.313	15/16in–10UN	1.120	1.750	1/4in × 1$\frac{3}{8}$in
1.875	1.375	11.313	15/16in–10UN	2.156	1.840	1/4in × 1$\frac{3}{8}$in
2.125	1.375	13.000	15/16in–10UN	2.438	1.965	1/4in × 1$\frac{3}{8}$in
2.313	1.750	11.813	15/16in–10UN	2.656	2.156	1/4in × 1$\frac{5}{8}$in
2.562	1.750	11.938	15/16in–10UN	2.968	2.530	1/4in × 1$\frac{5}{8}$in
2.750	2.313	12.188	1$\frac{1}{16}$in–10UN	3.031	2.718	5/16in × 2$\frac{1}{4}$in
2.813	2.313	9.625	1$\frac{1}{16}$in–10UN	1.453	1.210	3/16in × 15/16in

六、大斜度井作业工具

大斜度井中钢丝作业时，受井斜及重力影响，作业工具串与完井管柱间的接触面积较大，导致摩擦阻力也相应增大。因此，需采用滚轮万向节、滚轮扶正器、滚轮加重杆等工具，降低摩阻的同时，保证工具串的可通过性。

（一）滚轮万向节

滚轮万向节通过在常规万向节的接头本体上加装滚轮，利用滚轮支撑工具串在管壁滚动，变滑动摩擦为滚动摩擦，克服管壁的摩擦力（图4-66）。

图4-66　滚轮万向节

（二）滚轮扶正器

通过在扶正器本体上加装滚轮，利用滚轮在管壁上的滚动摩擦，减小工具串运行摩阻，增加工具串的通过性（图4-67，表4-53）。

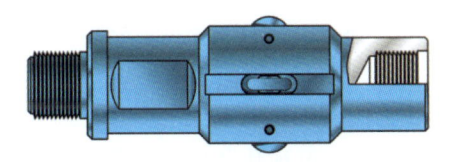

图4-67　滚轮扶正器

表4-53　滚轮扶正器主要技术参数

规格 in	打捞颈外径 in	连接螺纹	长度 in	装轮外径 in
1.50	1.375	15/16in–10UN	24，36	1.750
1.875	1.75	$1\frac{1}{16}$in–10UN		2.125
2.125	1.75			2.250
2.50	2.313	$1\frac{9}{16}$in–10UN		2.875

第七节　钢丝作业新工具

随着石油和天然气行业的快速发展，以及互联网和信息技术的突飞猛进，钢丝作业技术与装备也在不断地进步。本节主要介绍部分较为新颖的智能钢丝工具，供读者参考。

一、可视化井口装置

可视化井口装置（图4-68）由井口装置本体、承压玻璃、传输系统、密封系统和显示系统组成，可实时显示带压下井筒内的情况，便于判断作业工具串的位置及通过情况。常用的压力等级为35MPa和70MPa两种，上下两端采用法兰连接，最高工作温度140℃，通过电缆与终端连接，画面实时显示。

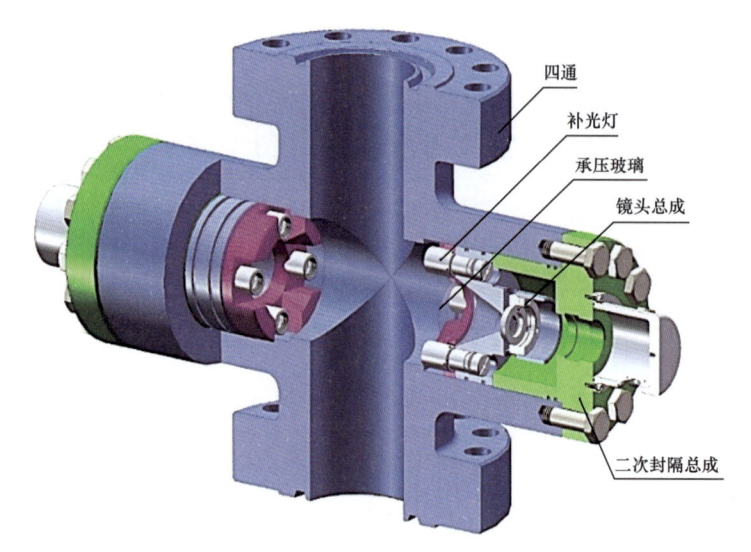

图 4-68　可视化井口装置

（一）关键技术

为适应温度、高压等复杂工况，可视化井口装置关键技术有以下几点。

1. 蓝宝石可见光增透膜技术

为保证井口装置内光线充足，设计承压窗口采用高强度蓝宝石玻璃。蓝宝石具有优异的光学、力学和热学性能，为增强可见光增透性，在其表面镀制了一层氧化硅膜，使其具有更好的光电和机械性能。

2. 蓝宝石表面防眩技术

对蓝宝石玻璃表面进行特殊工艺处理，使其对光线具有较低的反射比，从而降低环境光的干扰，提高画面的清晰度，减少屏幕反光，使图像更清晰、逼真。

3. 超亲水镀膜技术

由于井口油、水等杂质较多，且气井井筒压力不稳定，易导致系统摄像不清晰等问题。鉴于此，蓝宝石承压玻璃采用超亲水镀膜技术，可以改变氧化硅薄膜表面光催化反应，抑制氧化硅粒径增长以及催化活性较高的锐钛矿晶型向稳定的金红石晶型转变，明显提高薄膜动态润湿速度及可见光响应，同时赋予薄膜潜在的抗菌性能。

4. 高温高压接插件技术

在高温高压工况下，普通电缆易发生断裂、信号传输不稳定及寿命短的问题。为此，可视化井口采用了高温高压接插件，其主要由基体、外壳体和内导体组成，基体为筒状结构，基体外壁上设置有安装结构。

5. 高强度抗压 LED 技术

高压工况影响 LED 等电流传输，导致 LED 发光稳定性降低。可视化井口的芯片在制备过程中，将一个大尺寸芯片划分为多个小发光单元，再将发光单元通过电极相互串联，从而实现一种低电流、高电压的高功率 LED。

（二）特点及优势

（1）作业参数数字化，系统开机自动采集图像，输入、显示、查询、回放和输出网络化。

（2）视频带压采集，720P 高清视频输出，画面实时显示，无延迟。

（3）即使在四通内有雾气的情况下，仍然具有良好的图像。

（4）系统自带二次泄漏检测、报警和保护装置，即使井内压力渗漏到视频采集模块，系统也能自动切断视频采集模块的供电电源（24V DC），并向显示端发出报警信号，同时，二次泄漏保护装置封住井内压力，防止压力外泄。

（5）防爆型视频带压采集模块、监测数据传输模块及防爆显示模块适用一类一区。

二、井下找漏工具

井下找漏工具是通过绳索作业创建一个临时的密封屏障，以便通过地面压力测试确定油管和环空之间是否存在泄漏点，工具如图 4-69 所示。

图 4-69 井下找漏工具

入井时，井下找漏工具与配套坐封工具相连接，并将找漏工具下放至可能存在的漏点位置，启动坐封工具将找漏工具坐封到油管壁上进行找漏作业。通过重复不断地坐封、油管压力测试、解封，直到检测出泄漏的确切位置。

（一）应用范围

（1）作为确定井下泄漏位置的临时屏障。

（2）确定油管与环空连通的位置。

（3）检查老井的完整性。

（二）特点和优势

（1）无须取出地面，可在井下多次重置与找漏。

（2）采用 NPT 螺纹类型，便于工具快速连接。

（3）即使在 150℃高温下，也可保证 10MPa 及更高压力的密封。

（4）采用一体式自平衡装置，可在压力释放后自动复位。

（5）结构简单，强度高。

（6）目前可用于 $2\frac{3}{8}$in、$2\frac{7}{8}$in、$3\frac{1}{2}$in 和 $4\frac{1}{2}$in 管柱，常用的工具参数见表 4-54。

表 4-54 井下找漏工具参数表

油管尺寸 in	管柱重量 lb/ft	工具外径 in	额定压力 psi	额定温度 °F
$2\frac{3}{8}$	4.6	1.810	1500	350
$2\frac{7}{8}$	6.4~7.8	2.220		
$3\frac{1}{2}$	9.2~10.2	2.720		
$4\frac{1}{2}$	10.5~17.1	3.650		

三、电子割刀

电子割刀可用于钻杆和油套管切割，无须使用炸药或腐蚀性化学物质，工具如图 4-70 所示。仪器带有减速器电机驱动的旋转头，旋转头上装有三个磨削头，可机械切削井下管柱。井下数据通过电缆传输到地面，工程师能够实时控制切割操作。此外，仪器设计有安全保护机制，可防止仪器在井下卡死。

图 4-70 电子割刀示意图

（一）应用范围

在特殊条件下进行井下油管、套管切割，切割效果如图 4-71 所示。

（二）特点及优势

（1）节省时间成本。

（2）防止过度切割破坏外层管串。

（3）减少运输风险和环境污染风险。

（4）在大斜度井和水平井中使用时需配套井下爬行器。

图 4-71 电子割刀切割示意图

（5）与化学切割相比，能够在更高的温度下进行切割操作。

表 4-55 为电子割刀技术指标。

表 4-55 电子割刀技术指标

工作温度，℃	工作压力，MPa	仪器外径，mm	长度，m	切割范围，mm
150	105	54	3.476	73~89

电源要求工作电压在 50～660V DC 范围内，缆头处开 / 关马达在 110V 时电流应为 160～200mA，切割时电流应为 200～2000mA。

四、可变径刮管器

可变径刮管器是一种刚性且有效的机械除垢工具，带有可调节的刀轨，组件由覆盖 360°井筒的两个刀片单元组成。向下震动时，刀片张开最大，可有效去除油管壁上的沉积物和垢物。上提时，轨道收缩，刀片收回，确保安全高效的除垢作业。可变径刮管器有 5 种不同的尺寸，覆盖尺寸范围 53.34～165.10mm（2.1～6.5in）。

图 4-72　可变径刮管器

（一）应用范围

（1）去除油管结垢。
（2）去除沥青质和沉积物。
（3）可允许在酸性条件下使用。

（二）特点

（1）固定步数和快速调整。
（2）每个工具都覆盖并替换了几个固定的外径尺寸。
（3）宽且带凹槽的导流槽。
（4）弹簧加载导轨。
（5）独特的切齿设计。
（6）刀轨可以更换。

（三）优势

（1）易于使用和操作。
（2）防止碎屑堆积在工具内部。
（3）从井中安全取回。
（4）提高刮削效率。

主要技术指标见表 4-56。

五、电子悬挂器

电子悬挂器（图 4-73）在地面设置启动时间后通过钢丝作业入井，可坐放于油管任意位置。到达设定时间后，悬挂器自动工作并锚定在油管壁上。该工具用于压力恢复测试、携带各种增产和气举工具等，适用 $2\frac{3}{8}$in、$2\frac{7}{8}$in、$3\frac{1}{2}$in 和 $4\frac{1}{2}$in 等多种油管尺寸。

表 4-56　可变径刮管器参数表

序号	长度 mm	关闭外径 mm	打开外径 mm	质量 kg	螺纹类型
1	880	53.34	73.03	8	15/16in-10UN
2	1050	73.03	95.25	20	15/16in-10UN
3	1440	93.98	121.92	35	$1\,^9/_{16}$in-10UN
4		120.65	152.40	39	
5		134.62	165.10	44	

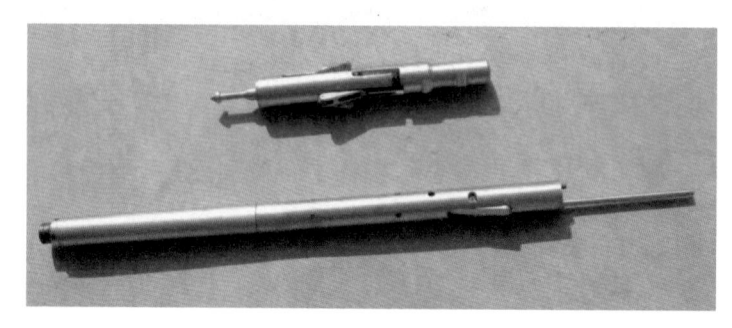

图 4-73　电子悬挂器

六、电动打孔工具

电动打孔工具可用于耐蚀合金油管打孔，由电动坐封工具与液压打孔短节两部分组成（图 4-74）。使用时，地面设置好电动坐封工具延时启动时间，随后将电动坐封工具与液压打孔短节相连后接在作业工具串下端，并下放至预定位置，可采用钢丝或电缆下入。

电动坐封工具倒计时结束后启动，收缩拉杆带动液压打孔短节上行，液压力推动打孔子弹持续作用在油管壁上，直到打穿为止。打孔结束后，子弹落入环空，油管与环空沟通。

该型打孔工具最多可同时装配 8 个液压短节，一次性在油管上打 8 个孔。

图 4-74　电动打孔工具
1—电动坐封工具；2—液压打孔短节

（一）特点和优势

（1）钢丝、电缆或连续油管均可连接工具入井作业。
（2）钢丝作业倒计时激发打孔器自动开始任务。
（3）井下动力单元提供动力。
（4）小截面上产生持续的巨大压力从而不会使油管变形。
（5）适合各类等级油管，如 J-55、L-80、P-110 等。
（6）单孔工具和多孔工具可选，实现一趟下井造多孔。
（7）避免了火药运输审批的成本和烦琐手续。
（8）消除了传统机械打孔工具成功率低，对于目标油管有限制等问题。

（二）主要技术指标

电动打孔工具主要技术参数见表 4-57。

表 4-57　电动打孔工具主要技术参数

外径 in	长度 m	单个液压打孔短节长度 m	打孔工具外径 in	最大打孔数 个	子弹外径 in	适合油管尺寸 in
2.125			2.16	8	0.375	$2\frac{7}{8}$
2.125	1.05	1.28	2.74	6	0.375	$3\frac{1}{2}$
			2.59	6	0.325	$3\frac{1}{2}$
			3.60	3	0.563	$4\frac{1}{2}$
			3.85	3	0.450	5
			4.50	3	0.563	$5\frac{1}{2}$
2.75		1.40	2.74	6	0.375	$3\frac{1}{2}$
			2.59	6	0.375	$3\frac{1}{2}$
			3.60	3	0.563	$4\frac{1}{2}$
			3.85	3	0.450	5
			4.50	3	0.563	$5\frac{1}{2}$
3.6	1.315	1.24	3.60	5	0.563	$4\frac{1}{2}$
			3.85	8	0.450	5
			4.50	5	0.563	$5\frac{1}{2}$

七、井下摄像仪

(一)存储式井下电视

存储式井下电视(图4-75)可对全井筒进行摄像,对了解井下情况、处理井下复杂事故具有重要的指导作用。

图4-75 存储式井下电视工具及配套设备

存储式井下电视能够在井下录制视频,在地面上可以回放。高效LED和最新图像传感技术提升了图片质量。仪器可以提供高分辨率图像,如图4-76所示,通过直观的图像,能够排除传统手段仅能通过推测来判断井下环境的特点。

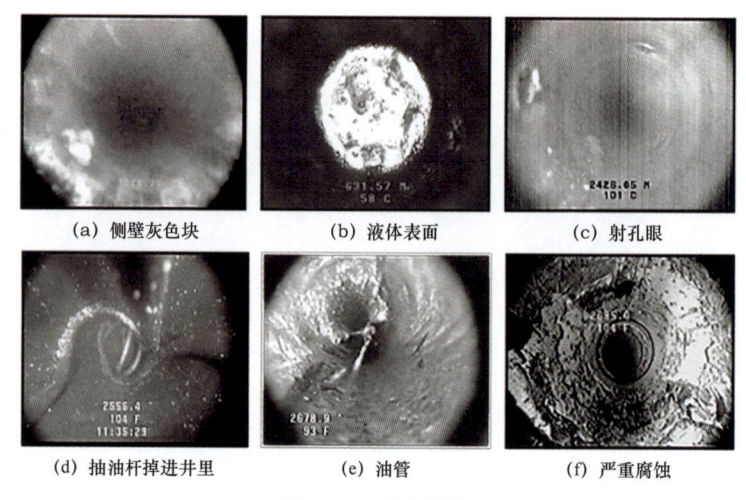

(a)侧壁灰色块　(b)液体表面　(c)射孔眼
(d)抽油杆掉进井里　(e)油管　(f)严重腐蚀

图4-76 井内图像

存储式井下电视主要技术指标见表4-58。

(二)直读式井下电视

高分辨率直读式井下电视是一种先进的井下检测仪器,对油套管检测和流体分层有很大帮助,高效LED和最新图像传感技术提升了图片质量,如图4-77所示。仪器可以提供高分辨率图像,通过直观的图像,能够排除传统手段仅能通过推测来判断井下环境的缺点。仪器采用 7 芯电缆与地面采集面板进行双向通信，功能齐全，具有很大的灵活性。

表 4-58　存储式井下电视技术指标

技术指标	数据	技术指标	数据
工作温度，℃	150	帧速率，帧/s	25
工作压力，MPa	103	视野范围，(°)	40
组装长度，m	2.5	内存，GB	16
仪器质量，kg	41.8	测井速度，m/min	5
仪器直径，mm	57	供电要求，V（DC）	36
摄像头像素，万	300	电流消耗，mA	400

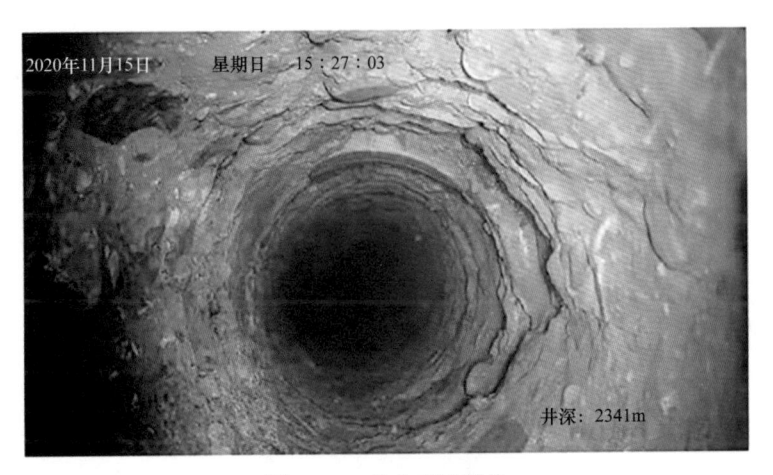

图 4-77　井内直读影像

直读式井下电视主要技术指标见表 4-59。

表 4-59　直读式井下电视技术指标

技术指标	数据	技术指标	数据
额定温度，℃	150	最大测井速度，m/min	30
额定压力，MPa	55	摄像头像素，万	200
组装长度，m	2.5	帧速率，帧/s	25
仪器质量，kg	48	镜头角度，(°)	110
仪器直径，mm	89	电缆要求	7 芯电缆
适用范围，mm	109	供电要求，V（AC）	220

第五章 | Chapter five

含硫气井钢丝作业

硫化氢是硫和氢结合而成的气体。硫和氢都存在于动植物的机体中，在高温、高压及细菌作用下，经分解可产生硫化氢。油气井硫化氢主来源于以下几个方面：

（1）热作用于油气层时，油气中的有机硫化物分解，产生出硫化氢。

（2）石油中的烃类和有机质通过储层水中的硫酸盐的高温还原作用而产生硫化氢。

（3）通过裂缝等通道，下部地层中硫酸盐层的硫化氢上窜而来。在非热采区，因底水运移，将含硫化氢的地层水推入生产井中。

（4）油气井钻井作业中，钻井液的某些处理剂在高温作用下发生热分解以及钻井液中细菌的作用都可以产生硫化氢。

第一节 硫化氢相关知识

描述空气中的硫化氢浓度有体积比浓度和质量比浓度两种方式：

（1）体积比浓度指硫化氢在空气中的体积比，有的地方常用 ppm 表示（百万分比浓度），即 1ppm=10^{-6}。

（2）质量比浓度指硫化氢在一立方米空气中的质量，常用 mg/m^3 或 g/m^3 表示。

根据天然气中硫化氢含量，含硫化氢气藏分类见表 5-1。

表 5-1 含硫化氢气藏分类

气藏类型	含 H$_2$S 气藏 H$_2$S 含量 %	含 H$_2$S 气藏 H$_2$S 含量 g/m^3	气藏类型	含 CO$_2$ 气藏 CO$_2$ 含量 %
微含硫气藏	0.0013	<0.02	微含 CO$_2$ 气藏	<0.01
低含硫气藏	0.0013~0.3	0.02~5	低含 CO$_2$ 气藏	0.01~2
中含硫气藏	0.3~2	5~30	中含 CO$_2$ 气藏	2~10
高含硫气藏	2~10	30~150	高含 CO$_2$ 气藏	10~50
特高含硫气藏	10~50	150~770	特高含 CO$_2$ 气藏	50~70
硫化氢气藏	≥50	>770	CO$_2$ 气藏	≥70

一、硫化氢的物理化学性质

（1）为一种无色气体，沸点约为60℃。
（2）当浓度在 $0.3 \times 10^{-6} \sim 4.6 \times 10^{-6}$ 时，可闻到臭鸡蛋味，当浓度高于 4.6×10^{-6} 时，人的嗅觉迅速钝化而感觉不出它的存在。
（3）毒性较一氧化碳大5~6倍，几乎与氰化氢的毒性相同。
（4）燃点为250℃，燃烧时呈蓝色火焰，并产生有毒的二氧化硫，危害人的眼睛和肺部。
（5）与空气的相对密度为1.189左右，比空气重，极易在低洼处聚集。
（6）毒性较一氧化碳大5~6倍，几乎与氰化氢的毒性相同。
（7）其与空气混合浓度达4.3%~46%时将形成一种爆炸混合物。
（8）具有强酸性：硫化氢及其水溶液对金属有强烈的腐蚀作用。

二、硫化氢对人体的危害

硫化氢主要通过人的呼吸器官，只有少量经过皮肤和胃进入人的肌体。硫化氢进入人体，将与血液中的溶解氧发生化学反应。当硫化氢浓度极低时，它将被氧化，会压迫中枢神经系统，对人体威胁不大。中等浓度硫化氢会刺激神经，而硫化氢浓度较高时，将夺去血液中的氧，会引起神经麻痹，使人体器官缺氧而中毒，甚至死亡。

由硫化氢引起的人员中毒，一般分为慢性中毒和急性中毒。

（1）慢性中毒。人体暴露在低浓度硫化氢环境（如 $50 \times 10^{-6} \sim 100 \times 10^{-6}$）下，将会慢性中毒，症状是：头痛、晕眩、兴奋、恶心、口干、昏睡、眼睛剧痛、连续咳嗽、胸闷及皮肤过敏等。长时间在低浓度硫化氢条件下工作，也可能造成人员窒息死亡。

（2）急性中毒。吸入高浓度的硫化氢气体会导致气喘，脸色苍白，肌肉痉挛。当硫化氢浓度大于 700×10^{-6} 时，人很快失去知觉，几秒钟后就会窒息，呼吸和心脏停止工作，如果未及时抢救，会迅速死亡。而当硫化氢浓度大于 2000×10^{-6} 时，人体只需吸一口气，就很难抢救而立即死亡。

硫化氢急性中毒后，会引起肺炎、肺水肿、脑膜炎和脑炎等疾病。人经硫化氢中毒后，其敏感性提高，如人肺受硫化氢中毒后，即使空气中硫化氢浓度较低时，也会引起新的中毒。

三、硫化氢的腐蚀

硫化氢极易溶解在水中形成弱酸，对金属的腐蚀形式有电化学腐蚀（也称失重腐蚀）、氢脆和硫化物应力腐蚀开裂，以后两者为主一般统称为氢脆破坏。

（一）氢脆破坏

硫化氢对金属材料的腐蚀破坏，其主要危险在于其加速了金属的渗氢作用，导致金

属材料的氢脆。所谓硫化物应力腐蚀开裂，就是钢材在足够大的外加拉力或残余张力下，与氢脆裂纹同时作用发生的破裂。氢脆破坏往往造成井下管柱的突然断脱、地面管汇和仪表的爆破、井口装置的破坏。

（二）对非金属材料的影响

在油气田勘探开发中，地面设备、钻井和完井井口装置以及井下工具中大量采用橡胶、浸油石墨和石棉等非金属材料制作的密封件，它们在硫化氢环境中使用一定时间后，橡胶会产生鼓泡胀大、失去弹性；浸油石墨及石棉绳上的油被溶解而导致密封件的失效，所以硫化氢能加速非金属材料的老化。

第二节 含硫井钢丝作业技术

高含硫油气井钢丝作业面临 H_2S 泄漏造成人员伤害和环境污染等风险，作业前应从人员意识与技能、设备选择安装调试、关键材料选择、监视测量仪表、操作程序、防护设施与相关方沟通交流等方面识别潜在风险，制订预防和控制措施，进而通过构建若干个经济、有效的安全屏障，执行有效的关键活动、关键任务，尽最大可能避免硫化氢泄漏、井喷失控等事件发生。本节以含硫井的测试为例进行简介。

一、设备的准备

试井绞车、深度拉力计量装置和井口防喷装置应配套完整、检测合格和性能完好，符合测试井的作业条件，备件和耗材够用。

（一）试井绞车的准备

（1）检查钢丝绞车各部位的连接螺栓是否紧固，轴承和滑动部件是否润滑合适。

（2）滚筒上钢丝的长度、直径和抗拉强度应满足使用要求，无缩径、锈蚀、死弯、裂缝、裂纹和砂眼等伤痕，使用记录完整；使用合格的钢丝，含硫化氢的井使用抗硫钢丝。

（3）检查钢丝深度计量和张力测量装置运行是否正常，量值检验是否合格，要求误差不超标。

（4）检查发动机和分动箱运转是否正常，在滚筒离合器脱开的情况下，能否挂合绞车挡。

（5）检查各操纵机构、绞车刹车、手摇机构、离合器、排丝器等是否灵活可靠，刹车装置应可靠，刹车松开后，刹车带和刹车毂间隙应一致，操作台指示仪表和开关是否完好。

（6）检查液压油液面和油质是否符合要求，液压传动和操控系统运行是否正常，油路有无渗漏。

（7）检查绞车操作仓的配电、照明、空调和后仓照明等辅助设施是否完好。

（二）拉力和深度计量装置的准备

试井绞车拉力和深度计量装置应与钢丝和电缆直径匹配，并定期检定合格，测深装置系统误差小于或等于1‰，指重装置系统误差小于或等于5%，检验记录完整。

1. 绞车的张力和深度计量装置

（1）检查测深器各部位的连接是否紧固，变速齿轮是否啮合良好，转动灵活。
（2）计量轮安装到位，转动灵活，槽内无油污，与钢丝或电缆的贴合好。
（3）检查机械计数器转动是否灵活，有无跳字、卡死等现象，传动软轴应润滑和结合好。
（4）检查光电编码器运行是否正常，参数设置是否正确。
（5）检查钢丝（或电缆）直径是否与计量轮的直径配套。
（6）检查电子深度速度张力计量装置工作是否正常，设置换算系数、深度和拉力报警值。

2. 马丁-戴克指重仪

（1）要求传压油缸、活塞杆、传压软管及各连接处无渗漏。
（2）表头指针转动自如，正确无误，调零可靠。
（3）传感器及传压管线中充满传压油，无空气。
（4）活塞与活塞杆间张开距离合适。

（三）防喷装置准备

根据施工设计、方案或任务书要求准备配套完整的防喷装置，检验合格证书和技术资料齐全，使用维护记录完整，本体整洁，润滑合适，配件和耗材质量好、数量够；安全性能好，无严重锈蚀和机械损伤，不应有影响密封性能和机械性能的缺陷，含硫化氢的井使用抗硫化氢腐蚀的防喷装置，记录检查情况。钢丝防喷装置的准备如下。

（1）检查防喷装置的基本组成部件：密封控制头（防喷盒）、防喷管、防喷器、转换短节、法兰、天地滑轮、泄压阀、压力表和组装工具齐全完好并配套，长度和通径满足作业需要。
（2）密封控制头：拆卸防喷塞、密封填料和控制机构，清洁润滑填料腔和密封件，用手压泵检查活塞杆移动是否灵活无渗漏，要求密封件完好和安装正确，松紧调节合适。
（3）防喷管：螺纹、密封面和密封件完好，螺纹连接部件能连接到位。
（4）防喷器：防喷器外观检查合格，液压泵、配套管线和接头完好；卸下防喷器闸板总成，取出闸板胶芯检查工作面不应有磨损、撕裂、脱胶、严重变形和老化等缺陷；检查防喷器壳体侧平面、上密封面、下密封面、闸板室顶部密封面、闸板轴等部位，应无影响密封性能的缺陷；检查各个连接部位、活塞杆密封件，更换损伤的密封件，清洁润滑移动部件；安装复位，紧固各连接部位。

拆卸平衡阀总成，清洁检查平衡阀阀芯、螺纹、密封件及密封面，更换受损的阀芯、密封件，并安装复位；平衡阀应开关灵活到位，处于关闭状态。

连接液压式防喷器操控管路，操作防喷器打开和关闭，检查闸板移动是否灵活到位，能手动锁紧；手动式防喷器检查打开和关闭操作是否灵活到位；用液压系统压力对工作油路和执行阀件的密封性和承压能力进行检查，应无渗漏；闸板指示杆显示正常，检查完后闸板应处于完全开启状态。

（5）法兰转换接头：与采油树顶部连接法兰相匹配，法兰钢圈槽（钢圈）密封面完好。

（6）天滑轮和地滑轮：滑轮直径与钢丝直径相匹配，固定牢靠，轴承润滑合适，转动灵活，跳槽防护机构完好。

（7）液控和注脂压力控制系统准备。

开机检查空气压缩机等配套的动力设备运行是否正常，配件和耗材是否够用。

开机检查液控系统的气动液压泵、手压泵、蓄能器、截止阀、压力表、液压油箱、各种接头、液压滚筒及液压管线等是否完好，液压油量是否充足，用液压系统压力对工作油路和执行阀件的密封性和承压能力进行检查，应无渗漏。

开机检查注脂压力控制系统的注脂泵、三联件、气体调压阀、高压截止阀、压力表、密封脂箱、各种转换接头、注脂/回脂滚筒及注脂管线等是否完好，密封脂量是否充足，试运行是否正常，无渗漏。

液控和注脂压力控制系统是电缆防喷装置的关键操控系统，应至少配备两套液压泵和注脂泵，一套正常使用、另一套备用，根据作业井井况及天气选择合适的密封脂，检查密封脂是否变质，并准备足够数量的液压油、密封脂、注脂管线、液压管线和各种配件备用。

（四）仪器及工具的准备

根据测试方案要求选择合适的测试仪器和工具，查看仪表标校资料、检测仪器和工具性能，准备加重杆和绳帽，检查测试工具仪器串组合连接情况，配齐备件和耗材，含硫化氢的井应选择抗硫化氢腐蚀的仪器和工具，优先使用故障率低、稳定性好、时间准和易操作的仪器和工具。因涉及仪器及工具较多，以通井为例进行简述。

1. 通井作业前的准备

根据测试井的工程条件和测试类型确定通井工具组合；通井工具组合的长度、最大外径和重量不小于后续作业工具仪器组合，能在井下测试井段正常通行。

钢丝通井作业基本工具串包括：钢丝绳帽、万向节、加重杆、震击器和通径规，检查其部件齐全完好，确认工具顶部都加工有外打捞颈，各连接部位螺纹能紧到位，无松动，没有90°的阶台。

根据对脱手负荷大小的要求选择绳帽，常规测试作业使用普通绳帽，加重量较大时宜使用圆盘形绳帽或脱手负荷较大的绳帽，其他特殊作业按施工要求准备绳帽。

绳帽和加重杆之间宜用旋转短节连接起来，避免由于钢丝在下井过程中的转动，而将扭力传给工具串造成工具串脱扣等问题。大斜度井段通井，为防在狗腿度大的井段遇卡，宜在较长的通井工具串中增加万向节。

2. 井场准备检查

（1）进入井场前，应穿戴好统一的劳保用品和硫化氢检测仪等防护装备，正压式空气呼吸器备用。

（2）入场登记和交接，核实测试井的状况参数，查看井场作业条件；确认就近急救单位电话，逃生通道，识别风向，集合地点。

（3）工作前安全分析，进行危害识别，落实安全措施，根据需要安装硫化氢检测仪、风向标和作业许可管理确认；如存在交叉作业应进行沟通和能量隔离。

（4）开班前会，对测试人员进行明确分工，一般可分为绞车岗、井口岗、中间岗和仪表岗，既分工负责又相互协作；交代作业内容、井的状况、主要风险及控制措施。

（5）根据测试井工作压力、流体性质和工具串长度，准备合适的防喷装置、井口连接头，确定组装位置。

（6）宜离井口 20~30m 上风方向选择停车位置，使滚筒中部对准井口。

（7）作业区域隔离和警戒，疏散无关人员，探测方井内硫化氢，高含硫气井启动防爆排风扇，录取井口油管和套管压力。

（8）按要求准备绳帽、加重杆、井下仪器、操作工具、井下作业工具，摆放整齐。

3. 防喷装置安装和拆卸操作

（1）系挂安全带，落实井口高处坠落防护措施，站上风方向操作。

（2）侧身关闭测试阀门，连接放空燃烧管线，或接到井场排空管线，打开放空阀泄去测试阀门以上的压力，活动放空阀丝杆防冰堵，确认压力泄为零；排放管线需固定牢靠，天然气放空燃烧时，安排人员监护和警戒。

（3）拆卸顶部连接法兰，清洁检查法兰密封槽和钢圈，抹密封脂，安装法兰转换接头；两法兰面之间的间隙一致，螺栓要对角紧，用力均匀，上紧到位；高含硫化氢气井戴空呼操作。

（4）吊装防喷器：将检查合格的防喷器吊装到顶部连接法兰上，确认闸板已全开和平衡阀已关闭。

（5）防喷盒准备，检查润滑防喷盒，确认密封件完好，从滚筒上拉出适量长度的钢丝，依次穿过活塞杆、顶密封、防喷塞和绳帽，确认钢丝通过顺畅，做好绳结或用绳帽固定好钢丝末端，连接入井工具仪器串。

（6）检查下捕捉器、防喷管、短节、防喷盒等部件的各处螺纹、密封件和密封面完好无损，润滑合适，控制机构操控灵活。

（7）在地面支架上，组装防喷管柱，依次安装连接，确认紧扣到位，防物体碰撞和坠落伤人。

（8）将工具串平稳送入防喷管内，拉直钢丝防打圈，装上密封控制头，钢丝导入天滑轮，适度压紧顶密封填料。

（9）在防喷管上端装好吊具吊索，钢丝绳要平顺，不能扭曲，确认螺栓紧扣到位。

（10）连接防喷装置上部液控管线和注脂管线，安好绷绳，确认连接牢靠；固定好软管，保护钢丝。

（11）与吊机操作人员配合，平稳起吊防喷装置，与井口防喷器精准对接；防喷管对接应做到垂直对中，平稳操作，严禁猛提猛放。

（12）防喷装置吊装完后，将防喷控制头、防喷器和防掉器等的液控管线对接到液压泵上；打好绷绳。

（13）安装地滑轮，导入钢丝，天地滑轮对准滚筒中心；与绞车配合，将仪器提至捕捉器闸板可全开的位置后，测量井深零位的校深。

（14）检查手动液压泵操作，或启动液控和注脂系统，试运行正常；防喷装置整体全部安装调试到位。

（15）连接试压泵和试压管线，对井口防喷装置试压，检查确认试压合格，放掉防喷管内试压液，拆卸试压管线；试压不合格，必须泄压后整改。

（16）侧身缓慢平稳开测试阀门，充压平衡后稳压，检查各连接部位有无泄漏，稳压验漏合格后；全开测试阀门，确认1号、4号和7号阀门全开；高含硫气井要求站上风方向戴空气呼吸器操作。

（17）全开防落器闸板，通知绞车岗下放钢丝待工具仪器串入井，固定好地滑轮，防落器闸板复位。

（18）护送钢丝起下，清洁钢丝，观察钢丝、防喷装置和（或）液控注脂系统运行情况，适时润滑钢丝、调节顶密封不泄漏和无阻卡。

（19）上起离井口100m时控制速度缓慢上提，防工具串碰顶，离井口20m时采用人拉或手摇钢丝使工具串全部进入下捕捉器，试探确认后，侧身关闭测试阀门。

（20）连接排放管线，打开放空阀泄去测试阀以上的压力，活动放空阀丝杆防冰堵，确认压力为零，阀门无内漏；天然气放空燃烧时，安排人员监护和警戒；高含硫气井要求站上风方向佩戴空气呼吸器操作。

（21）泄掉手动液压泵压力，或停液控和注脂系统，拆开液控软管、放空管线和绷绳。

（22）与吊机操作人员配合，起吊前，调整吊钩到井口防喷装置正上方，应与转换法兰完全同轴心，将防喷装置平稳吊离井口，放到地面支架上；平稳操作吊车，严禁猛提猛放。

（23）拆卸防喷盒，取出测试工具，依次拆卸防喷装置各部件，完成现场清洁保养。

（24）拆卸法兰转换接头，安装采油树顶法兰，恢复井口顶部连接方式，安装油压表，关闭放空阀，打开测试阀门，验漏合格。

（25）清洁井口装置，防喷装置装车；整理工具、用具，清洁场地。

二、试井绞车操作

试井绞车操作人员应掌握井况、主要风险和控制措施，采取防御性操作方法保障井下绳索作业的起下安全。

试井钢丝绞车操作包括准备工作、井口安装、下放钢丝、停点测试、提升钢丝和收工，重点是控制绞车运转，按要求完成测试内容，随时观察钢丝运行情况，做好下放和提升钢丝过程中的风险控制。

（一）准备工作

（1）试井绞车对井口：进入井场，试井车开到距井口20m以上的空地上，司机配合使绞车滚筒中心正对井口采油树顶部连接法兰，停放好车辆。

（2）检查排丝计量装置：取下排丝器锁定销，检查排丝机构转动和滑动是否灵活，钢丝安装是否到位，深度计量和拉力测量仪表连接线缆是否松动，滚筒上的钢丝排列是否整齐。

（3）检查绞车：整体完好，无锈蚀结垢，轴承已润滑，滚筒离合器处于脱开状态，绞车液压油箱的油面在正常位置。

（4）填写基础资料：对照测试任务书内容填写测试过程记录单，通过井况资料、测试项目、停点深度和技术要求的填写，清楚生产情况、井下管柱结构、停点深度、作业风险及控制措施。

（5）检查照明灯：在能见度不好时或天黑前，打开操作舱内照明灯和井口照明灯。

（6）注意事项：气温过低时应对液压油进行加热后方可启动液压系统，并在低速空负荷下运行10～30min后，再带负荷作业。

（二）操作步骤

1. 井口安装的绞车操作

（1）启动绞车记录仪表：打开电源总开关，启动绞车控制台的钢丝深度拉力测量仪表，启动电子深度拉力记录仪，松开滚筒刹车。

（2）放钢丝：配合中间岗人员匀速拉钢丝，防钢丝松垮，看量轮转动是否灵活、仪表显示是否正常，听绞车有无异响。

（3）收钢丝：井口安装完毕，合上绞车摇把，手动收好地面上的钢丝，将工具或仪器串提离闸板，拉上绞车手刹，卸下绞车手摇把。

（4）校零位：依据油补距与仪器到油管挂距离的差，记录井口停点深度，设置机械计深器和电子深度计量仪的测试深度零位。

（5）设置报警值：设置电子深度拉力测量仪的报警深度值和报警张力值。

（6）记录井口停点时间：测试阀门全开后，记录井口停点起止时间。

2. 下放钢丝的绞车操作

（1）初始段下放钢丝：井口停点时间到，鸣笛通报地面人员开始下放钢丝，听到看

到中间岗应答后，松开绞车手刹放钢丝，转动手轮调整排丝器位置；最初20m地面人员护送钢丝下放，防误操作撞顶。

（2）挂绞车取力器前检查：拉紧滚筒手刹，确认滚筒控制器手柄置于中位，滚筒离合器已脱开，系统调压阀全松开。

（3）驾驶员准备：确认驻车制动器已经拉上，底盘变速器置于空挡位置，发动汽车引擎，置底盘发动机为怠速状态，底盘气压表显示不低于0.6MPa。

（4）挂绞车取力器：驾驶员踩下离合器踏板，约2～3s后，按下取力器控制开关至工作位置，慢慢松开离合器踏板，取力器挂合，液压泵开始工作。（安全提示：在进行取力器的挂合、脱开操作时，一定要先踩下底盘离合器踏板，否则会引起取力器和变速箱严重损坏。）

（5）挂合滚筒离合器：适当调节系统压力，松开手刹，调节并挂合滚筒离合器，拉紧并锁住手刹。

（6）绞车的"憋压"测试：调节汽车发动机到正常转速，调节系统压力到比正常值高1～2MPa，适当活动滚筒控制器手柄，检查绞车刹车系统的性能及液压系统的密封性，观察绞车工况是否正常。

（7）动力下放钢丝操作：置滚筒控制器手柄于中位，解锁松手刹，操作滚筒控制器手柄下放钢丝。

（8）下放速度控制：开始速度不许超过30m/min，待仪器下入井深50m后方可提速，最高速度不许超过规定值，平稳操作绞车、匀速下放仪器，通井下放速度宜控制在50m/min以下。

（9）引导钢丝：转动手轮调整钢丝排缆器位置，引导钢丝下放，注意观察钢丝和计量装置的运行状况。（如发现滚筒上有钢丝叠压或松垮，以及遇阻钢丝张力下降，应停车处理，防损伤钢丝和钢丝跳槽。）

（10）边操作边观察：在下放钢丝过程中随时观察，滚筒上的钢丝排列，深度计量和拉力测量仪表显示，天地滑轮转动，钢丝移动情况，绞车运行工况，以及听绞车系统声音，发现异常及时处理。

3. 停点测试和投捞作业的绞车操作

（1）停点操作：准备在某个井深停点，在测点前100m减速，缓慢下放到测点深度，平稳刹车，严禁猛停，锁好刹车，调节汽车发动机怠速运行，开始停点测试，记录测试深度、时间和钢丝拉力，停够时间，完成井下停点测试内容（测压、测温、取样、连续监测等）。

（2）下放钢丝操作：停点结束，调节汽车发动机到正常转速，液压系统压力到正常值，取出锁销，松开手刹，操作滚筒控制器手柄平稳放钢丝，速度控制在规定值以下匀速运行，严禁猛放猛停，严禁超速运行。

（3）压力温度梯度测试：按上述（1）和（2）的操作方法控制绞车运行，在安排的井深依次停点测试，记录测试深度、时间和钢丝拉力。

（4）通过特殊井段：仪器串通过的油管变径接头和全角变化率较大的井段，提前50m减速，速度控制在30m/min以内通过，通过30m后才能提速。（安全提示：遇复杂井况、大斜度井段和出油管鞋等，还应按要求测试和记录规定深度点的上提钢丝拉力值。）

（5）投放井下工具和打捞作业：在目标深度50m上方停车，记录深度、钢丝下放速度、净重和上提拉力值，低速试探判断作业目标深度，按本次绳索作业要求进行操作，记录和判断作业效果，完成作业内容；严格控制好绞车系统压力、起下速度、拉力和次数在允许范围内，防钢丝疲劳断裂，做好记录。

（6）探砂面或确定遇阻位置：应使用张力指重仪，下放速度应缓慢、平稳，实时监测张力指重仪指数变化；当张力指数突然变小或仪器遇阻时应立即停车，然后上提钢丝至钢丝运行悬重正常位置深度以上10m左右，再缓慢下至砂面位置（遇阻位置），反复起下2~3次验证砂面位置的准确深度。

4.提升钢丝的绞车操作

（1）提升准备：最深的停点测试结束前，通知井口岗检查天地滑轮和顶密封，确认正常，班长到操作仓观察。

（2）提升钢丝操作：调节汽车发动机到正常转速，调节系统压力到能正常上起为宜，松开手刹，操作滚筒控制器手柄提升钢丝，记录提升钢丝最大拉力值。（安全提示：如出现钢丝提升拉力异常高，应停车检查，分析原因后再做处理，严格执行钢丝拉力控制权限，防拉伤拉断钢丝。）

（3）上提速度控制：最初100m速度为20~50m/min，正常提升速度控制在规定值以内，严禁猛提猛刹，严禁超速运行。

（4）排列钢丝：随时转动手轮调整钢丝排缆器移动位置和方向，引导钢丝整齐地排列到滚筒上。

（5）注意事项：

① 复杂情况处理。发现滚筒上钢丝排列有问题，应停车处理；当液压油温度超过65℃时，应停止作业或采取降温措施；钢丝脏应及时清洁；遇阻遇卡时钢丝拉力上升，应判断遇阻卡位置，分析产生阻卡的原因，不得强行上提，做好记录。

② 系统压力控制。随着井下钢丝重量减轻，及时调减系统压力，控制上起速度，使绞车提升力始终保持在钢丝绳结弱点负荷允许的范围内。

③ 边操作边观察。在提升钢丝过程中随时观察：滚筒上的钢丝排列，深度计量和拉力测量仪表运行，天地滑轮转动，钢丝移动情况，听试井绞车系统运行声音，判断绞车运行工况，发现异常应及时处理。

（6）到达井口操作：仪器提升至距井口200m时应减速，50m时深度报警，鸣笛通知中间岗人员用手压钢丝协助，距井口20m时，停绞车：滚筒控制器手柄置于中位，拉紧滚筒手刹，调节汽车发动机怠速，系统调压阀在全松开状态。

（7）试探闸板：地面人员手拉钢丝接收仪器串到防喷管内，关闭测试阀门2/3，试探闸板3次确认，关闭测试阀门，记录仪器串到达井口时间。

5. 收工的绞车操作

（1）卸绞车动力：脱开绞车滚筒离合器后，驾驶员踩下离合器踏板，约2～3s后，关闭取力器控制开关，慢慢松开离合器踏板，判断取力器已脱开；将所有控制阀和手柄恢复到工作前位置。

（2）收地面钢丝：测试结束，合上绞车摇把，手动收完地面上的钢丝；中间岗配合将钢丝头固定好，将排缆器停靠到边，插上锁销固定；拉上绞车手刹，卸下绞车手摇把。

（3）停绞车记录仪表：停电子深度拉力记录仪，停绞车控制台的钢丝深度拉力测量仪表，查看机械深度计数器归位值是否正常，关闭电源总开关。

（4）清洁绞车：清洁绞车操作台，清洁绞车，填写绞车运行记录。

第三节　风险识别与预防

开展含硫井的风险识别与预防，主要应用工作前安全分析方法。工作前安全分析是一个事先或定期对某项工作任务进行风险评估的工具，是有组织地对存在的危害进行识别、评估风险、制订防控方案和实施控制措施的过程，是将风险最大限度地消除或控制的一种方法。

开展采气测试工艺安全分析，可以系统地识别、评估和控制测试工艺中的危害，编制采气测试基础工作前安全分析表，明确关键环节的危害和安全控制措施，在现场施工安全管理中落实，预防伤害与事故的发生，实现"零"伤害目标，为持续地改善测试安全标准和工作环境创造条件。

含硫井高风险测试作业，应加强现场施工过程受控管理。现场负责人可根据具体的井况、环境、人员、测试装备和工艺特点，历次测试情况，参考基础工作前安全分析，完善本次测试作业的工作前安全分析表，与属地管理人员一起开展现场工作安全分析和确认，保障施工安全。

一、作业风险提示

根据测试前的准备情况，可系统地识别、分析、判断和确认的采气测试作业风险包括：

（1）测试装备和试井车辆状况。是否有缺陷、准备不足、维修、调整和保养不良。

（2）测试工具和仪器状况。是否有缺陷、欠妥、准备不当。

（3）工艺和设备变更。如有变更，是否及时评估变更的潜在危害以及变更实施过程中的风险，提出风险削减措施，安排对相关人员进行培训或沟通。

（4）系统保护。个人防护用品是否有缺陷和不适宜，警示系统、安全装置、保护性装置是否有缺陷和不适用，是否有交叉作业，工艺或设备隔离是否妥当。

（5）工作暴露。工作环境是否存在高噪声、辐射、明火、危险化学品、凌乱和碎片、地面不平和打滑、极端温度和风暴等极端天气、机械危险物（机械锐利边角、移动性设备）、能量（重力势能、气能、液压能或化学能）隔离和电力系统等。

（6）工作场地。工作场所布局是否合理，照明不足或过度，风向和通风是否有利，井口高处作业防护装置是否适用。

（7）人的因素。人员技能水平和操作能力、近期表现、身体是否健康、体力是否充沛、精神状态是否良好、有无精神压力。

（8）井口操作。是否存在高处坠落、高处落物、憋压、泄漏、中毒、防喷盒和注脂密封控制头卡阻、脱扣、钢丝跳槽和碰撞等。

（9）吊装。吊装方案是否符合实际情况，设备和吊具是否完好，安全防护措施落实情况，预防人员受伤、设备设施损坏、物资损坏等。

（10）绞车操作。是否存在撞顶、井下遇阻遇卡、断损钢丝、钢丝排列问题、绞车故障、工具仪器受损、落鱼、作业不成功等。

（11）工具仪表操作。是否存在工具仪器松扣、脱扣、进气、故障，损伤钢丝结、资料不合格等。

（12）测试井况。生产制度、生产情况、历次测试情况、油气水性质、硫化氢、水合物、腐蚀、高流速、大井斜度、大狗腿度、井眼轨迹、闸阀开关问题、井下安全阀开关状态、管柱通径、变径、缩径、变形、井下落鱼、油管腐蚀、结垢、结盐、粉尘、泥浆、出砂和硫沉积等。

（13）生产管理。生产协调和生产过程管理落实情况不清楚，属地管理不到位。

（14）其他项。如上述归类原因无一适从的风险，可列归本项说明。

二、作业前准备情况确认要求

人员资质：井控和硫化氢防护合格证、高处作业证、吊装证、吊装指挥证（指挥、司索合一）。

工器具和劳保用品：灭火器、空气呼吸器、安全带、气体检测仪、排风扇、护目镜、应急照明、放空燃烧装置。

作业环境：设置工作区域、入口处设警示标志、在关键部位安装气体探测仪、风向标、井口操作平台。

三、核心工作步骤、危害及控制措施

（一）作业条件确认

危害一：直接影响施工作业安全。
控制措施：施工方案的井号、井口压力、产量、流体性质、井口装置、井身结构和井下管串状况应与实际情况相符合。

危害二：人员受伤，误操作，测试事件。

控制措施：上岗人员应合理作息，身体健康，精力充沛，头脑清醒，严禁睡岗、脱岗、酒后上岗，开好班前会，相互提醒。

（二）防喷装置安装和拆卸

危害：泄漏、人员坠落、人员中毒、防喷盒（注脂密封控制头）卡阻、憋压、高处落物、钢丝受损。

控制措施：系挂安全带或搭建操作台；站上风方向操作或启动排风扇，泄压为零，抓稳、站稳、拿稳、量力而为；检查确认防喷装置密封件完好、润滑合适、各部件连接牢靠、安装到位，安好绷绳，试压验漏合格；监控防喷盒和天地滑轮导引钢丝；保持液控和注脂控制系统正常运行，保障辅助设备正常运行，巡回检查，安全警戒和监护。

（三）吊装防喷装置

危害：吊装事件、钢丝受损。

控制措施：执行吊装方案，一人司索，另一人指挥，平稳操作，精准对接，严禁猛提猛放；遵守吊装作业规程，保障吊装作业安全；护理好钢丝和控制管汇；安全警戒和监护。

（四）试井绞车操作

危害一：钢丝受损、工具仪器串落井。

控制措施：随时观察钢丝（电缆）运行情况，严格控制好绞车系统压力、起下速度和拉力在允许范围内，引导和排列好滚筒上的钢丝（电缆），防背、卡、垮，随深度和张力变化调节液压绞车驱动压力；一人操作另一人监护。

危害二：井下遇阻遇卡、钢丝断裂。

控制措施：严格遵守下放和提升速度、拉力和次数的控制规定，平稳操作，防跳槽，防撞顶，严禁猛提、猛放、猛刹；通过油管变径部位和全角变化率大等特殊井段，应提前减速缓慢通过，发现异常情况及时汇报、分析原因，正确处置。

（五）仪器工具操作

危害一：钢丝受损、仪器故障、工具失效、资料不合格。

控制措施：检查确认钢丝绳结完好、下井工具组装到位、仪器运行正常，平稳操作，严禁蹬踏、敲打和撞击。

危害二：仪器工具松扣、密封失效、螺纹损坏。

检查确认密封件完好，均匀涂抹螺纹脂，起到隔离腐蚀介质和辅助密封作用，螺纹连接紧固到位，整体平直，无90°阶台，长度、重量和组合合理。

（六）作业完成，清理作业现场

危害：垃圾、废料环境污染，影响安全操作及通道。

控制措施：作业人员对场地进行清理（材料、工器具、垃圾），属地人员验收。

（七）硫化氢中毒的风险及控制措施

危害：高压含硫井并且测试时间较长，防喷装置以及防喷器的密封失效发生泄漏，硫化氢气体泄漏，燃爆、人员中毒风险。

主要控制措施：

（1）做好施工作业过程中的硫化氢防护工作，准备好安防器材，按施工设计配备正压式空气呼吸器、硫化氢报警仪，井口岗人员在作业过程中必须佩带硫化氢报警仪进行全程监控、在井口低洼处安装硫化氢报警仪；作业前设置好安全警示带，划分测试区和安全区，当作业区域硫化氢大气浓度超过安全临界浓度 30 mg/m^3（20ppm）时，应佩戴全面罩自给式正压空气呼吸器。

（2）防喷装置验漏时，若有泄漏，应立即关 7 号闸阀，泄压完后进行整改。

① 作业过程中如出现防喷盒泄漏，应立即通过手压泵向防喷盒加压至不漏为止，但不能影响钢丝正常起下；

② 作业过程中如出现防喷管连接部位泄漏，应立即起出井内工具，关闭 7 号闸阀，泄压后，检查泄漏原因，整改好后，方可继续作业；

③ 作业过程中防喷器泄漏：若防喷器主控部分连接泄漏，立即关防喷器整改，整改好后，方可继续作业；若防喷器液控部分连接泄漏，应立即快速起出井内工具，整改好后，方可继续作业。

④ 作业过程中，防喷管柱刺漏，危及现场作业人员人身安全时，应关闭井口防喷器，并向上级汇报，等待下步措施；若防喷器失效，关闭 7 号闸阀剪断钢丝；

⑤ 作业过程中，防喷器发生刺漏，危及现场作业人员人身安全时，关闭 7 号闸阀剪断钢丝，防止刺漏扩大发生井喷等事故。

（3）补充安全技术措施。

根据具体的井况、环境和测试工艺特点，开展硫化氢有毒气体泄漏应急演练，提高应急处理能力。

第六章 | Chapter six

现场应用

本章主要分为常规钢丝作业和特殊钢丝作业案例进行介绍，常规钢丝作业中重点介绍压力计悬挂作业、油管内投堵作业、井下照相作业。特殊钢丝作业主要介绍了含硫气井中具有代表性的井内钢丝落鱼的打捞案例。

第一节 常规钢丝作业案例

一、6-H1 井下压力计悬挂

6-H1 井完钻井深 5003.00m，井型为水平井，水平段采用 ϕ139.7mm 套管完井，ϕ50.64mm 油管生产，设计将压力计悬挂在井深 3250m（井斜角 55°）进行压力恢复试井。

（一）技术思路

压力恢复试井作业时间较长，一般 20～30 天，测试过程中工具、绞车、钢丝需一直安装在井场，无法进行其他作业。因此，为了减少队伍的等停时间，提高作业效率，考虑采用井下悬挂的方式，将连续监测工具串（图 6-1）悬挂于需要监测的位置，然后起出试井钢丝，设备撤离，实现无设备、无人值守的压力连续监测，完成压力连续监测任务后，再通过试井钢丝将连续监测仪器打捞出井下。

图 6-1 井下压力计悬挂装置组合

（二）主要技术措施

一般井下悬挂装置只能坐放于直井中，由于该井是水平井，需获取测试数据的井段井斜达到 50°以上，因此作业过程必须考虑井下悬挂装置以下工具串的长度、坐封工具刚性与柔性、井斜段通过性、与油管间隙大小和井壁的摩擦。采用滚轮万向节，如图 6-2 所示，具增大压力计悬挂装置及工具串柔韧性，减少管柱摩擦力，从而提高井下工具串通过性。

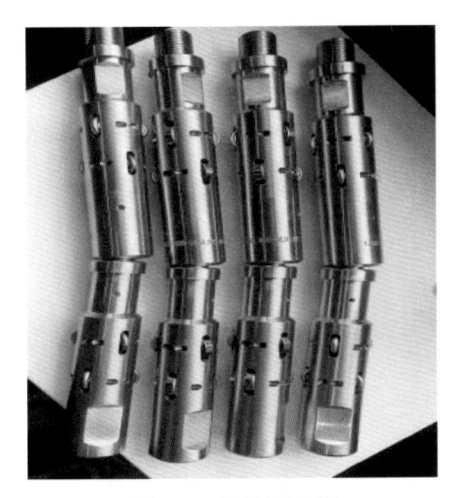

图 6-2　滚轮万向节

（三）作业情况

1. 井下悬挂装置及工具串

（1）通井工具串：绳帽+旋转短节+加重杆+滚轮万向节+加重杆+滚轮万向节+加重杆+滚轮万向节+加重杆+滚轮万向节+加重杆+滚轮万向节+机械震击器+通井规。

（2）投放井下压力计悬挂装置组合工具串：绳帽+旋转短节+加重杆+滚轮万向节+加重杆+滚轮万向节+加重杆+滚轮万向节+机械震击器+轨道式投放工具+井下压力计悬挂装置。

（3）打捞井下压力计悬挂装置组合工具串：绳帽+旋转短节+加重杆+滚轮万向节）+加重杆+滚轮万向节+加重杆+滚轮万向节+机械震击器+JUC。

2. 施工过程

（1）下入直径48.3mm通径规通井至3260m，上起工具串检查，通井规和震击器上附着固态垢物。

（2）下压力悬挂装置组合进行压力测试，分别在0m、500m、1000m、1500m、2000m、2500m、2700m、2900m、3000m、3100m、3200m和3250m停点测压，井下压力计悬挂装置下入深度至设计位置3260m时上提，记录悬停张力和上起张力（在3260m称重，悬停张力363kgf，上提张力426kgf）寻找接箍坐放，在3251m处上提张力上涨至392kgf突降至363kgf，坐放接箍打开，上提5m后开始下放，在3251m处张力突降至283kgf；采用JDC工具下击丢手的坐放方式将井下压力计悬挂装置卡定在油管接箍上坐放深度3251m，现场作业如图6-3所示。

（3）人员及设备撤离，待井下压力计悬挂装置在井下完成压恢试井任务。

（4）25天后压力测试任务完成，队伍再次入场，下JUC于3240m记录张力（悬停张力360kgf，上提张力421kgf），再次下放至3251m张力下降后继续下放，张力降至

300kgf，缓慢上提张力涨至 500kgf，抓住井下压力计悬挂装置打捞颈，快速向上震击，张力最高涨至 580kgf 后突降至 365kgf，顺利打捞井下捞出压力计悬挂装置。

（5）设备及人员撤离，顺利完成井下压力计悬挂装置压恢试井任务。

(a) 入井工具串　　(b) 坐放压力测试悬挂装置　　(c) 打捞压力测试悬挂装置

图 6-3　井下悬挂装置及工具串现场作业图

（四）结论与启示

压力恢复试井采用井下悬挂压力计的方式，能有效地减少队伍的等停时间，大幅提高作业效率，降低吊车长时间吊装风险。针对作业过程中，还应考虑对整个井筒和坐封位置进行清洁作业，消除垢物、油污等对悬挂工具串的影响，提高坐放与打捞的成功率。

二、6-H2 井油管内投堵塞器

6-H2 井由于出现油管与套管压力同升同降现象，严重阻碍气井排水效果，疑是油管腐蚀穿孔所致，需在穿孔位置以上投油管堵塞器，为后期采用带压作业机起原井管柱提供作业条件。

（一）技术思路

（1）在油管尾部下入可取式双卡瓦油管桥塞，井口打压验漏确认油管穿孔情况后打捞桥塞出井。

（2）确认油管穿孔后，根据油套压差初步估算穿孔深度，并下入井下电子压力计准确测量穿孔位置。

（3）在测量深度位置下入单卡瓦堵塞器，放压验漏并打捞出井，反复重复坐封、验漏、解封等操作以确定投堵深度。

（4）在穿孔深度以上第一根油管内采用可取式油管桥塞＋智能坐封工具实施钢丝投堵作业，点火泄压观察，成功后带压作业机上起出油管，倒扣取回钢丝桥塞并更换回接新油管下井。

本次作业拟采用的可取式油管桥塞如图 6-4 所示，主要技术参数见表 6-1。

图 6-4 可取式油管桥塞结构示意图

表 6-1 可取式油管桥塞主要技术参数

指标	数据	指标	数据
本体材质	4140	压力等级，MPa	50
温度等级，℃	120	最大外径，mm	45
长度，mm	1700	坐封丢手力，kN	32

本次采用智能坐封工具如图 6-5 所示，对可取式油管桥塞进行坐封，该工具采用纯电直驱，无火药，靠电池可直接产生最大 90kN 的拉力，主要用于坐封井下桥塞、封隔器等井下工具，适用于电缆、钢丝和连续油管作业，详细技术参数见表 6-2。

图 6-5 油管内智能坐封工具示意图

表 6-2 智能坐封工具主要技术参数

指标	数据	指标	数据
本体材质	4140	压力等级，MPa	70
温度等级，℃	120	最大外径，mm	43
长度，mm	1760	坐封力，kN	90

（二）主要设备及工具

1. 防喷装置组合

试井防喷装置组合参数见表 6-3。

表 6-3 试井防喷装置组合参数表

序号	防喷装置名称	工作压力 MPa	内通径 mm	长度 m	材质	质量 kg	备注
1	防喷器	70	76	1	4140	200	
2	防喷管		76	2.4		100	数量 4
3	化学注入短节		76	0.6		50	
4	防喷盒		—	1		50	
系统总长		12.2m		系统总重		700kg	

2. 工具管串组合

（1）通井工具串：钢丝绳帽＋旋转接头＋加重杆＋万向节＋加重杆＋万向节＋机械震击器＋通井规。

（2）油管定位工具串：钢丝绳帽＋旋转接头＋钨钢加重杆＋万向节＋钨钢加重杆＋万向节＋机械震击器＋F型定位工具。

（3）机械式桥塞坐放工具串：钢丝绳帽＋旋转接头＋钨钢加重杆＋万向节＋钨钢加重杆＋万向节＋机械震击器＋机械式桥塞坐封工具。

（4）机械式桥塞打捞工具串：钢丝绳帽＋旋转接头＋钨钢加重杆＋万向节＋钨钢加重杆＋万向节＋机械震击器＋JULL。

（5）可取式桥塞解封工具串：钢丝绳帽＋旋转接头＋加重杆＋万向节＋加重杆＋万向节＋机械震击器＋JDC打捞工具＋桥塞平衡杆。

（6）可取式桥塞打捞工具串：钢丝绳帽＋旋转接头＋加重杆＋万向节＋加重杆＋万向节＋机械震击器＋GS工具。

（三）作业情况

（1）48mm通井规通井至2460m位置遇阻（油管尾部变径接头）。组装45mm模拟通井工具串，通井至3407m（破裂盘位置）遇阻，上起工具串至井口。

（2）下放可取式油管桥塞＋电子坐封工具串至3402m位置等待，并坐封丢手，开井验封，油套压同步下降。下入带平衡通杆GS打捞工具串将油管桥塞打捞出井。

（3）下入电子压力计工具串进行油管压力梯度测试。

（4）分别下入单卡瓦堵塞器工具串至547m、575m和585m，开井验封，前两个位置深度均油压下降，套压不变，最后一个位置深度发现油套压同步下降。判断漏点位置在575～585m之间，组装JU打捞工具串打捞堵塞器出井。

（5）下放可取式油管桥塞＋电子坐封工具串至572m位置等待，并坐封丢手，开井验封，油压降为0，套压不变，坐封投堵成功，恢复井口，完成作业。等待带压作业机上起油管。

（四）结论与启示

（1）把节流器的节流嘴更换为死堵，从而完成单卡瓦堵塞器的功能实现井下快速找漏，加快了钢丝作业的进程。

（2）带压起油管作业必须要求使用双卡瓦堵塞器，为完成井下坐放精细化操作，选用智能坐封工具完成。

（3）该工艺适用于井下单个漏点且位置相对清楚的作业，否则建议选用钢丝找漏工具来完成井下投堵深度的确定。

三、Y形管柱井投捞堵塞器

该井为一口海上油井，完井井深2178.0m，水平段长332m，最大井斜91.37°。同多数海上油井一样，该井完井时下入 Y 形合采管柱。这种管柱包括抽油通道和井下测试通道，两者大致呈一个 Y 形，具有不动管柱实现生产、测试和分层采油等多种功能。Y 形生产管柱生产时采用生产堵塞器（下文简称 Y 堵）密封管柱，生产堵塞器直接投放于 Y 形接头工作筒（本井工作筒位于 1105.83m）内。为落实地层伤害状况及地层静压，该井进行了压力恢复测试作业。

（一）技术思路

（1）安全阀全开验证；

（2）打捞 Y 堵；

（3）通井；

（4）压力恢复测试；

（5）投放 Y 堵，恢复油井生产。

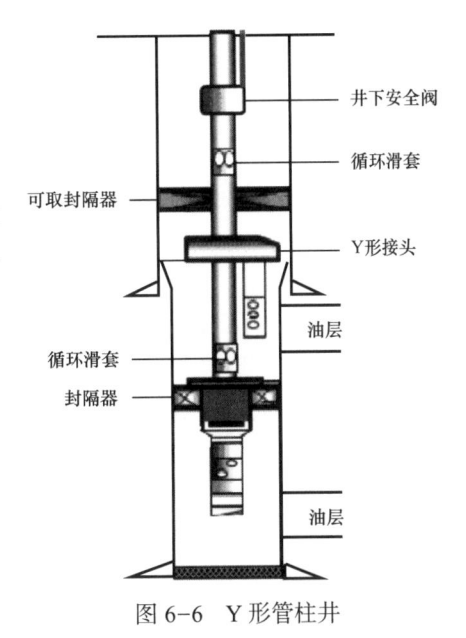

图 6-6　Y 形管柱井

（二）主要设备及工具

投 / 捞工具串：钢丝绳帽 + 旋转接头 + 加重杆 + 万向节 + 加重杆 + 万向节 + 机械震击器 +SB 投捞工具。

通井工具串：钢丝绳帽 + 旋转接头 + 加重杆 + 万向节 + 加重杆 + 万向节 + 机械震击器 + 通井规。

压力测试工具串：测试堵塞器 + 钢丝绳帽 + 旋转接头 + 加重杆 + 万向节 + 加重杆 + 减震击器 + 压力计。

（三）作业过程

（1）安全阀全开验证。采用手压泵连接井下安全阀控制管线，按照安全阀操作规程打压至 4000psi（安全阀全开压力），观察 30min 压力未降，确信安全阀全开。

（2）打捞 Y 堵。下打捞工具串至 Y 堵处（1105.83m）上提，通过张力和井口压力变化判断成功抓住 Y 堵，随后关闭生产阀门（防止捞出 Y 堵后管柱内气体上串），缓慢增加上提拉力，停车，确保生产堵塞器有充分的时间去平衡上下压差。压力平衡后起出打捞工具串。

（3）通井。下工具串通井至 1822.73m，确保生产管柱畅通。

（4）压力恢复测试。缓慢下放测试工具串，每 500m 上提试张力；下放超过 1000m 后，每下放 100m 上提试张力。下过 Y 堵工作筒后 30m 停放，测试堵塞器验封。验封结束后下放测试工具串至 1812.91m（管柱深度）处进行测试作业。测试完毕后上提工具串，在 Y 堵位置平衡管柱内压力后，再提出测试堵塞器。

（5）投放 Y 堵。投放工具串下到 Y 堵工作筒（1105.83m）前 20m 做上提、停止操作，并记录上提、停止的拉力值。随后安排专人观察井口压力，投放工具串下放至 Y 堵

工作筒后向下震击，剪断投捞工具丢手销钉，通过井口压力变化确认Y堵投放到位后，起出投放工具串，恢复油井生产。

（四）结论与启示

（1）在进行钢丝作业前，必须通过试压作业验证井下安全阀是否全开，避免一时疏忽导致井下事故。

（2）打捞与压力测试作业中，在抓住Y堵/测试堵塞器后，务必平衡堵塞器上下压力，避免井底压力上窜导致事故。

四、6-X3井井下照相

采用钢丝作业方式，对该井油管挂双公短节处开展井下照相作业，并通过下铅印，验证油管双公短节的变形情况。

（一）技术思路

首先采用57mm通井规进行通井作业；满足通井要求后，对油管双公短节位置下入井下照相工具并进行拍照取样。作业结束后，再次下入铅印对油管双公短节处进行打铅印作业。

（二）主要设备及工具

由于该井变形位置较浅，采用存储式井下电视进行照相，了解井下情况。存储式井下电视能够在井下录制视频，地面上可以回放。

（1）通井工具串：绳帽+万向节+加重杆+万向节+震击器+通井规。

（2）拍照工具串：绳帽+万向节+加重杆+万向节+震击器+井下照相机。

（3）铅印工具串：绳帽+万向节+加重杆+万向节+震击器+铅印。

（三）作业过程

（1）连接通井工具串，下入57mm通径规至8.17m遇阻，向下震击一次，工具串通过油管挂双公，下放工具串20m，上起工具串至至8.17m油管挂双公位置有遇卡现象，向上震击解卡，工具串起至防喷管内。

（2）连接井下拍照工具串，下至8.17m井拍照作业，拍照情况如图6-7所示。

（3）更换为铅印工具串，ϕ59.5mm铅印工具串下放至油管挂双公8.17m位置遇阻，采用人背拉钢丝活动震击器方式，向下震击一次打铅印，起出铅印工具串。59.5mm铅印外径变为58mm，变形情况如图6-8所示。

（四）结论与启示

采用自带光源进行照相时应保证井筒流体干净和很好的透光性，这样才能确保成像清晰；同时结合铅印或其他手段对于照片进行验证，有利于对井下情况有清晰的了解，提出下步针对性的措施。

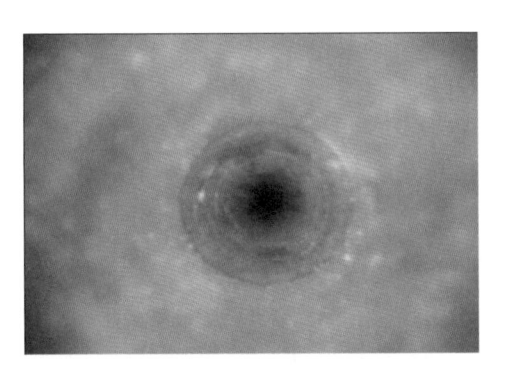

图 6-7　井下油管挂双公处图像　　　　图 6-8　铅印入井前和入井后对比图片

五、6-X210 井油管打孔

6-X210 井为气藏的一口排水井（斜井），气井在投产测试时产大量地层水，属于边水气藏，为延长主力生产气井无水采气和自喷采气期，经气藏工程论证，该井日排水为 400m³；由于完井管柱上下有封隔器，在自喷阶段后需要在油管设计位置穿孔以实施气举排水工艺，由于注气量的限制，因此注气孔尺寸需要更为精确的圆孔，同时为防止高压气对圆孔的冲蚀，通常弹头选用硬质合金。

（一）技术思路

（1）按照与井下油管钢级和壁厚相同的情况下完成地面模拟打孔实验，成功后再开展现场试验。

（2）该井含硫化氢，由于机械打孔工具抗硫能力受限，一是对工具进行镀铬处理，提升抗腐蚀能力，二是在下入通井和打孔工具前用清水置换油管内液体。

（3）定位与校深：为确保打孔位置不在油管接头和接箍处，打孔位置最好在设计位置油管的中间。幸运的是完井管柱中有坐放短节，利用坐放工具进行钢丝深度校深，作为打孔工具实际打孔位置校正，防止在接箍位置处打孔致使作业失败。

（二）主要设备及工具

通井工具串：钢丝绳帽 + 旋转接头 + 加重杆 + 万向节 + 加重杆 + 万向节 + 机械震击器 + 通井规。

校深工具串：钢丝绳帽 + 旋转接头 + 加重杆 + 万向节 + 加重杆 + 万向节 + 机械震击器 + 校深工具。

打孔工具串：钢丝绳帽 + 旋转接头 + 加重杆 + 万向节 + 加重杆 + 机械震击器 + 打孔器。

（三）作业过程

（1）通井。下入通井工具串通径至设计位置 3540m，确保管柱畅通，上提工具串至井口。

（2）校深和定位。下入校深工具串，当工具串至坐放短节位置遇阻后，缓慢上提工具至震击器拉开，记录钢丝位置深度读数，并与坐放短节实际位置进行对比；结合打孔位置设计参数，换算成钢丝作业打孔位置参数。起出校深管串，采用 GS 投放工具下入打孔定位器，下放至预订深度后，缓慢上提，将滑动锁定装置改变位置，下放钢丝确认打孔定位器是否支撑在油管内壁上，若成功，剪切 GS 销钉，起出井口，打孔定位器投放成功。

（3）下入油管打孔器。在下入油管打孔器前根据油管尺寸，选用合适的打孔头。在下入油管打孔器工具串时，钢丝下放速度要匀速，中途切记不要急停，下放至打孔深度后，缓慢上提，待匀速后，记录正常上提拉力。工具串上提到一定高度后，迅速下放工具串至打孔深度 3520m，急停工具串，即可切断油管打孔器的上销钉，打孔头弹出。然后可以正常下放工具串，但上提工具串会有过提现象，超出正常上提拉力后，记录此时的深度，根据此深度可以折算出实际打孔位置。接下来快速向上多次震击，直至将管壁击穿，上提拉力正常，工具串正常上提，打孔成功。

（4）采用 GS 投放工具捞出打孔定位器。

（四）结论与启示

（1）在进行打孔前，最好在地面完成相同油管材质、钢级和尺寸下的打孔实验；为了确保打孔位置避开油管接箍，打孔位置需要校深，采用机械式打孔工具需要下入定位器；选用火药爆炸作为动力源的打孔工具不必下入定位器，但深度同样需要校深。

（2）该技术的变种：更换弹头也可以在油管上锚定单流阀，只是需要更大的坐放推力，依靠震击力是不现实的，选用钢丝智能坐放工具可以提供更大的液压坐封力，单流阀和标准圆孔的弹头需要量身定制。

第二节 特殊钢丝作业案例

在钢丝作业事故处理时，大部分的钢丝断在井内，与被卡或遇阻工具串联在一起。在处理事故时，要考虑的问题是：是先处理钢丝，然后再打捞井下落鱼工具串；还是一并处理井下钢丝和落鱼工具串？当然，通常情况下都是先处理钢丝。最关键的是不能让处理工具和用于打捞的较粗钢丝再次出现断落，造成第二次事故，致使井下情况更为复杂。如果是因为井口泄漏关井口阀门导致钢丝断落入井的可考虑一次性打捞井下钢丝和工具串落鱼，不需要先处理钢丝再打捞井下工具落鱼。

在气井钢丝作业处理井下落鱼时，原则上不选用等直径钢丝进行打捞或断落过的钢丝绞车进行再次作业，通常选用向上一个尺寸（较粗）等级的钢丝进行打捞，即打捞钢丝的强度大于井内落鱼钢丝强度。

下面介绍两种在井下落鱼绳帽头处剪短钢丝的操作方法：

一是新组装一套工具串下井，利用盲锤直接下到落鱼绳帽处，将绳帽与钢丝砸断。

起出盲锤时查看底部印痕,能够看到清晰的落鱼绳帽顶部印迹。

二是采取人工井下投放方式将盲锤(必要时连接加重杆,视落鱼鱼顶位置而定加重杆重量)或钢丝剪刀(钢丝切刀、肯利割刀、管壁割刀、弗洛割刀)投下,具体操作如下:选 R(RB)或 JU 系列投捞工具,将其功能弹簧拆下,将选好的盲锤与适当长度加重杆连接再与绳帽连接,再与 R 系列投捞工具组合下井,当盲锤下过落鱼钢丝顶 100m 以后即可释放盲锤组合,其释放操作程序是:停止下放,上提、快速下放盲锤组合即可脱手。

打捞方案制订:

(1)分析钢丝断落原因,选择是先处理钢丝后打捞工具?还是一次性捞出井下落鱼?

(2)对地面段落钢丝的残余部分和选择用于打捞的新钢丝进行拉力和破断力实验,为现场操作处理需要的最大拉力提供依据,防止出现二次复杂。

(3)配套措施选择:在钢丝断落原因分析基础上,是否需要洗井以确保井筒清洁?是否需要液体置换或加除硫剂以确保后续作业钢丝安全(含硫井最好选用材质 4140 及以上钢丝)?在高含硫井是否需要压井以确保井控安全?在井筒灌入流体时井下工具是否移位落入井下更深位置导致更多复杂?

(4)钢丝防喷器选择:钢丝防喷器内芯密封件是否满足两种尺寸的钢丝通过和密封?其内芯密封件是否能更换成铜块,用来夹住钢丝?或者在不更换内芯密封件时,与钢丝夹板配合使用,确保抓住钢丝落鱼后起出打捞工具串进行截断处理,最后将落鱼钢丝缠绕在绞车上完成钢丝回收。

(5)打捞工具选择:一是在保证能下井的情况下,尽可能地轻配工具串并缩短其长度。其优点是在井下有轻微遇阻即可停止下入,在缩短防喷管长度的同时,也为打捞出钢丝留有足够长的位置;二是使用钢丝探测器探明鱼顶位置后对钢丝进行整形,首先选择内捞矛(先二爪后三爪),若效果不好,可再选择外捞矛(最好与探测器组合)和内外捞矛组合的复合打捞工具。

一、6-X4 井钢丝打捞

(一)气井基本情况

6-X4 井塞面深度 4590.54m,采用 ϕ88.9mm+ϕ73mm 组合油管 + 永久封隔器完井,井下安全阀内径为 65.07mm、深度为 83.1m,安全阀以上为 ϕ88.9mm 抗硫油管,内径 76mm,安全阀以下为 ϕ73mm 抗硫油管,内径 62mm,井下封隔器为永久式封隔器,型号 SAB-3、内径 82.55mm、深度 4500m,油管尾部为球座,完井阶段打掉球座后内径为 60.6mm,未打掉球座内径为 40mm;

2018 年 6 月在进行压力恢复试井过程中因井口法兰泄漏,强制关闭井口 4 号和 7 号阀剪断钢丝,导致试井钢丝 4450m 及压力计工具串落井。

该井于 2016 年 12 月投产,原始地层压力 67.92MPa,硫化氢含量 60.72g/m³,打捞作

业时井口油压53.34MPa。

（二）井内落鱼情况

落井钢丝长度：4450m；钢丝直径：2.34mm；钢丝材质：MP35N；井下钢丝质量：150kg。

落井工具串长度：4.49m；质量：40kg；工具串组合：ϕ36mm绳帽×0.15m+ϕ36mm加重杆×1.8m+ϕ36mm旋转接头×0.14m+ϕ36mm加重杆×1.2m+ϕ32mm压力计2支×0.6m。

经分析评估，决定采用ϕ3.2mm抗硫钢丝带压打捞井内钢丝落鱼。

（三）打捞作业难点

（1）气井压力高、硫化氢含量高，作业风险大。

（2）井下完井管柱复杂，完井管柱为组合油管且带有井下安全阀、完井封隔器及球座，给打捞工具的下入起出带来风险、操作难度大。

（3）该井钢丝掉井后，仍以8.6×10^4m³/d，产水量59.25m³/d生产了几个月，对落鱼位置的影响难以判断。

（四）方案设计关键参数

1. 估算鱼头处井深。

根据管柱结构判断认为落鱼位置两种可能性较大：

（1）落鱼在油管末端球座处（4532.8m）遇阻，停止下落；计算鱼头井深为136.14±50m左右。

（2）落鱼已经掉出油管末端球座到达人工井底，该井人工井底为4590m；计算鱼头处井深为199.5m±50m。

注：2.34mm钢丝在62mm油管内的千米收缩率为12/1000，在7in套管内千米收缩率为108/1000，考虑钢丝对零位置，钢丝使用时间，断脱时的拉力、套管内径等不确定影响因素，鱼头井深误差估计在±50m左右。

本井钢丝鱼头位置实际在井深168m处，落鱼工具串在井底，计算得本井2.34mm钢丝在62mm油管内的千米收缩率为5/1000。

2. ϕ3.2mm钢丝打捞强度校核

规格：0.125in（3.2mm）。

材质：MP35N。

破断拉力：14.78kN（实验数据）。

采用ϕ3.2mm钢丝打捞捞获钢丝后，如上提拉力增至8kN，未解卡，尝试多次活动无效，进行技术丢手。

（五）现场施工

按照施工设计工序进行作业并步步确认，如图6-9所示。

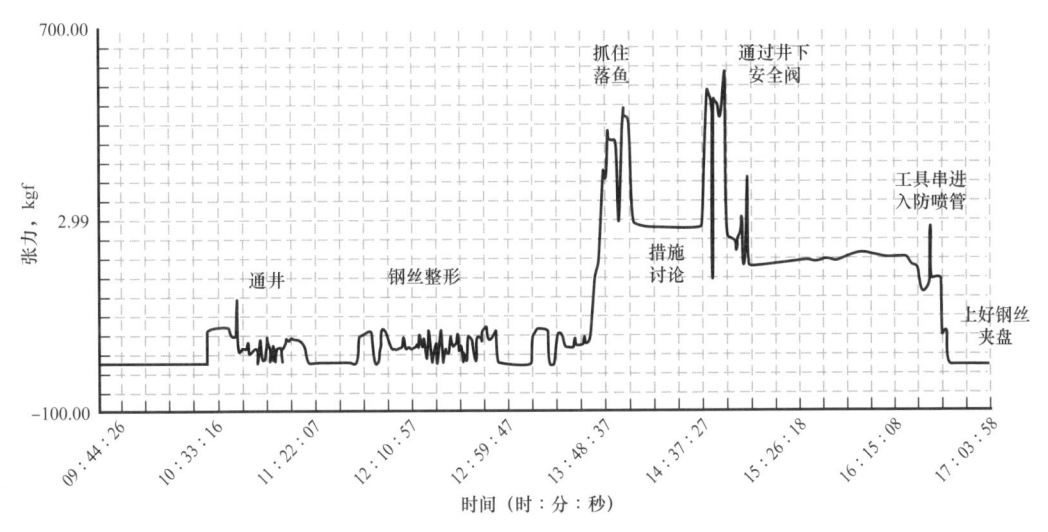

图 6-9 6-X4 井打捞作业钢丝绞车张力数据

（1）采用钢丝探测器探鱼顶位置在 168m 处，初步判断落鱼未掉出油管。

（2）完成钢丝整形后，下入双瓣内外捞矛组合工具捞获落鱼，设置钢丝上提最大拉力。

（3）缓慢上提，在确保不拉断落鱼钢丝的前提下，通过对比上提距离与张力关系（捞获落鱼上提 80m 后张力急剧增加）判断出鱼顶在井下安全阀位置处。

（4）严格控制打捞工具过安全阀处的上提速度，设置张力预警增加值不超过 50kgf，缓慢上提观察张力与位移的变化，确保落鱼钢丝不拉断。

（5）打捞工具在通过井下安全阀后，张力急剧下降，通过悬重判断落鱼未出油管。

（6）打捞工具串起入防喷管，向油管内注入除硫剂和清水。

（7）倒出鱼头钢丝转回收绞车。

本次打捞作业成功捞获全部 ϕ2.34mm 钢丝 4450m 和两支压力计，恢复了气井生产通道畅通，保证了气井井筒完整性。创造了钢丝打捞作业的几个纪录：一是首次在井口油压超过 50MPa 高压情况下完成带压打捞钢丝作业；二是首次在硫化氢含量超过 60g/m^3 情况下，安全顺利高效地完成带压打捞钢丝作业；三是在 12h 内（用时最短），一次性捞获全部井下落物（4450m 钢丝、两支进口压力计和加重杆工具串）。

（六）结论与启示

（1）针对高压高含硫气井，在完井管柱中有井下安全阀和封隔器的情况下，采用抗硫粗钢丝带压作业打捞井下细钢丝及落物在工程技术上是切实可行的。

（2）基础数据核实、钢丝破断拉力室内实验参数的获取是制订打捞方案的前提，实验数据与现场数据结合是现场施工参数调整决策的重要依据。

（3）准确分析评估、细化作业方案、落实安全措施是安全成功作业的保障。

（4）高压高含硫气井带压钢丝打捞在经济上与压井后采用钢丝打捞或修井打捞相比，

动用设备少，施工时间短、安全风险可控、作业成本最低。

（5）井下落物捞出恢复了气井生产通道，保证了气井井筒完整性。

二、6-X5井钢丝打捞

（一）气井基本情况

6-X5井开展压力恢复试井工作，测试工具下至设计深度3500m，作业正常，并对井口1号、4号和7号阀门进行上锁挂签，完成关井前压力恢复试井准备工作。压恢期间由于防喷器平衡阀断裂，井内天然气溢出，井场硫化氢报警装置报警，现场员工关闭采油树4号和7号阀门关断钢丝，钢丝及仪器串落井，仪器串为绳帽+旋转接头+2支加重杆+万向节+2支仪器共3380mm，最大外径36mm。该井继续生产一段时间后，产能急剧下降，随后被迫关井停产。关井前油压15.7MPa，套压9.41MPa，气产量$5.99\times10^4\text{m}^3/\text{d}$，产水量$11\text{m}^3/\text{d}$，作业前关井油管压力为23.16MPa，关井套管压力为2.82MPa。本井H_2S含量81.6g/m^3，CO_2含量98.1g/m^3。

计划采用钢丝作业方式，对6-X5井油管内掉落的钢丝及仪器串进行打捞，解决井筒内通道堵塞的问题。

（二）井内落鱼情况

落井钢丝长度：3500m；钢丝直径：2.34mm；钢丝材质：MP35N；使用时间：6年；井下钢丝质量：约118kg。

落井仪器串总长：3.380m；仪器串结构：ϕ36mm绳帽+ϕ36mm旋转接头+2支加重杆ϕ36mm+万向节ϕ36mm+2支DDI压力计ϕ32mm，最大直径：ϕ36mm；质量：约28kg。

（三）打捞作业难点

（1）气井硫化氢含量高，作业风险大。

（2）井下完井管柱复杂，完井管柱为组合油管且带有井下安全阀、完井封隔器及球座，给打捞工具的下入与起出带来风险，操作难度大。

（3）该井钢丝掉井后，仍继续生产一段时间，对关井后落鱼状态难以判断。

（四）方案设计关键参数

1.计算鱼头位置

计算钢丝鱼顶在井内的深度：

$$T=D-L+L_oF/1000$$

式中　T——钢丝断头位置，m；

　　　D——工具串到达的实际深度，m；

　　　L——井内钢丝及工具串的长度，m；

L_o——井内钢丝的长度，m；

F——绳索受拉力，kN。

根据管柱结构判断认为落鱼位置两种可能性较大：

（1）落鱼在油管末端球座处（3853m）遇阻，停止下落时，计算鱼头位置为 395m±50m。

（2）落鱼已经掉出油管末端球座到达人工井底（4140m）时，计算鱼头井深为 709.2m±50m。

注：2.34mm 钢丝在 62mm 油管内的千米收缩率为 12/1000，在 7in 套管内千米收缩率为 108/1000，考虑钢丝对零位置，钢丝使用时间，断脱时的拉力、套管内径等不确定影响因素，鱼头井深误差在 50m 左右。

2. 钢丝室内拉力实验

对打捞用 3.2mm 钢丝开展室内实验，破断拉力为 14.66kN。

对井下 2.34mm 钢丝开展室内实验，破断拉力为 7.45kN

3.2mm 钢丝用绳帽+夹板接 2.34mm 钢丝对拉，最大拉力为 7.3kN 时 2.34mm 钢丝从夹板处断裂。

3.2mm 钢丝用绳帽+打捞工具+2.34mm 钢丝对拉，最大拉力为 5.08kN 时 2.34mm 钢丝从打捞工具挂钩处断裂。

实验结果表明：3.2mm 钢丝破断拉力可满足打捞作业要求。

采用 ϕ3.2mm 钢丝打捞捞获钢丝后，如上提拉力增至 8kN，未解卡，尝试多次活动无效，进行技术丢手。

（五）现场施工

（1）第 1 次下钢丝探寻器至 342m 处探得鱼头位置，向下整形 1m，起出工具串。检查钢挡环有钢丝痕迹，如图 6-10 所示。

（2）第 2 次和第 3 次下钢丝探寻器至 34m 处遇阻，向下震击不能通过，起出工具串，泵入 30L 乙二醇至油管内。

(a) 内打捞矛 　　　　(b) 钢丝

图 6-10　第一次下钢丝探寻器情况

（3）第 3 次下钢丝探寻器至 342m 处探得鱼头位置，向下整形 2m，起出工具串。随即下钢丝内打捞矛至 342.11m 处，探得鱼顶，下放至 343.01m 处，缓慢上提，悬重明显增加，抓住钢丝落鱼。上起钢丝，期间悬重不断增加，上起至 310m 处，悬重涨至 240kgf，继续上起至 295m 处时悬重涨至 650kgf。继续上起至 286.70m，悬重涨至 900kgf 后，悬重突然降低至 110kgf。继续上起钢丝至井口，期间悬重稳定，起出工具串。检查钢丝内打捞矛，打捞出一段 2.3mm 钢丝，约 2.4m。

（4）第 4 次下钢丝探寻器至 394m 处探得钢丝鱼顶（相对上次鱼顶 342m，鱼顶下降 52m），向下整形至 395.77m 处，起出工具串。随即下钢丝内打捞矛至 393m 处，抓住钢丝落鱼，上起钢丝，期间悬重不断增加。上起至 292.75m 处，悬重涨至 675kgf 后，悬重突然降低至 68kgf，鱼头滑脱，起出工具串。检查钢丝内打捞矛，打捞工具轻微变形，未捞获钢丝。泵入 3m³ 解堵剂，再泵入 9m³ 清水至油管后，油管压力降为 0MPa。

（5）第 5 次下钢丝探寻器至 404m 处探得钢丝鱼顶（相对上次鱼顶 394m，鱼顶下降 10m），向下整形至 406m 处，起出工具串。回声仪探得 62mm 油管内井深 1460m 处有液面。下内打捞矛至 406.33m 处抓住钢丝落鱼，上起至 312.01m 处，悬重涨至 310kgf 后，悬重突然降低至 120kgf，起出工具串，检查打捞工具，捞出钢丝 4.8m（共两段，一段 3.85m，另一段 0.95m），如图 6-11 所示。

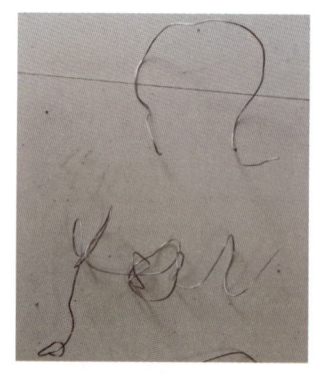

(a) 内打捞矛　　　(b) 捞获钢丝

图 6-11　第 5 次下钢丝探寻器情况

（6）第 6 次下外打捞矛（带探寻器）至 374.46m，探得鱼顶。向下整形至 376.67m，上起工具串，抓住钢丝落鱼，上起至 293.70m，悬重涨至 795kgf 后，悬重突然降低至 90kgf，起出工具串，检查打捞工具，捞出钢丝 2.2m。

（7）第 7 次下外打捞矛（带探寻器）至 374.70m 处，探得鱼顶。向下整形至 376.83m 处，上起工具串，抓住钢丝落鱼，上起至 312.12m 处，悬重涨至 545kgf 后，悬重突然降低至 80kgf，起出工具串，检查打捞工具，未捞获钢丝落鱼。

（8）现场分析认为以上捞出钢丝落鱼均在打捞工具打捞矛处断裂，且工具上附着大量污垢，计算井下打捞工具和井下落鱼总重量约 230kgf，且张力值均在井深 300m±15m 处（考虑钢丝落鱼在井下受力后发生拉伸）后上涨超过井下落鱼自身重量，发生落鱼滑脱／断裂现象。该井井下落鱼工具串在井深3810～3812m处，处于球座与THT封隔器之间，推断井下落鱼存在被污垢卡的可能，下一步方案计划泵入解堵剂及清水清洗井筒再进行打捞。

（9）连接泵车清洗井筒，先从油管泵入15m³油污解堵剂，再继续泵入13m³清水推洗井筒，液体全部推入地层。

（10）第8次下钢丝探测器工具串（60.2mm挡环）至362m处张力由180lbf下降至140lbf后瞬间恢复，368m处张力由180lbf下降至96lbf，整形后上提，提至361m处张力最大涨至1100lbf，几次上震击后解卡，完成钢丝鱼头整形。更换内捞矛（60mm挡环）下放至365m处遇阻，张力由180lbf下降至95lbf，上提后张力涨至900lbf后瞬间掉至260lbf，来回下探6次均如此，第7次下探上提后从365m处上提至310m，张力从330lbf缓慢涨至645lbf后不再上涨，缓慢提至井口最终悬重为582lbf。

（11）再次泵入清水与除硫剂，降低井口压力，降低风险，最终成功捞获全部井下落鱼。

（六）结论与启示

落鱼打捞作业，不仅要有前例一样技术上的手段，还要因"井"制宜，本井因含硫量高，井下脏物多，针对性采取手段，通过泵入解堵剂有效解决脏物卡阻，使打捞落鱼简单化；通过泵入除硫剂和清水、从源头上降低气体含硫含量，使作业安全化，从而保证高效、安全地完成整个打捞落鱼作业

三、6-H6井钢丝打捞

（一）气井基本情况

6-H6井在开展柱塞卡定器坐放作业时，反复验证判断卡定器坐放位置在3100m处后，间歇向下震击32次后缓慢上提工具串，上提至3084m处，张力上涨至245kgf不再继续上涨。继续以10m/min速度上提工具串，上提至3082m，上提张力245kgf，钢丝突然从地滑轮前端约6m左右位置断裂，断裂钢丝掉落入井。计划采用钢丝作业方式，对6-H6井油管内掉落的钢丝及工具串进行打捞。

（二）井内落鱼情况

落井钢丝长度：约3090m；钢丝直径：3.2mm；钢丝材质：D43；使用时间：1月；井下钢丝质量：约190kg。

落井工具串总长：7.43m；最大直径：47.6mm；质量：约65kg。

工具串结构：ϕ38mm绳帽+ϕ38mm加重杆+ϕ44.5mm滚轮万向节+ϕ38mm加重杆+ϕ44.5mm滚轮万向节+ϕ38mm加重杆+ϕ44.5mm滚轮万向节+ϕ38mm震击器+ϕ47.6mmJDC投捞工具+一体式单流阀卡定器。

（三）打捞作业难点

（1）卡定器坐放位置在3100m处，井斜约65°，打捞时力量传递不足。

（2）管柱内通径50.6mm，管柱通道小，工具越长，通过性越差。

（3）作业前关井油管压力为1.6MPa，套管压力为3.2MPa，井内可能有积液。

（4）一体式单流阀卡定器上方积液无法落回井底，卡定爪卡定于管柱内壁增加打捞时需要的力。

（5）一体式单流阀卡定器缓冲弹簧会减少向下震击时冲击的力。

（四）方案设计关键参数

落鱼位置存在以下两种可能：

（1）井下柱塞卡定器已坐放在3100m处，估算鱼头处井深为31.58m±20m。

（2）井下柱塞卡定器未坐放成功，掉落至带缓冲弹簧工作筒位置（3596.27m）处，估算鱼头处井深为527.85m±20m。

注：3.2mm钢丝在内径50.67mm油管内的千米收缩率为7/1000，考虑钢丝对零位置，钢丝使用时间，断脱时的拉力等不确定影响因素，鱼头处井深误差在20m左右。

（五）现场施工

（1）下ϕ36mm盲锤作业工具串至井深3094m处（垂深2959.52m，井斜64.73°），下砸17次，起出工具串，检查盲锤，有明显撞击绳帽痕迹，如图6-12所示。

（2）下钢丝探测工具串至井深52m处（垂深52m，井斜0.74°），张力由40kgf下降至25kgf，起出工具串。

（3）下钢丝打捞工具串至井深54m处（垂深54m，井斜0.74°），张力由52kgf上涨至175kgf，起出工具串，捞获落鱼钢丝，对接绞车，打捞出钢丝3100m，如图6-13所示。

（4）连接入井卡定器打捞工具串，下JUS打捞工具串至井深3098m（垂深2961.7m，井斜65.5°），下砸8次后起出工具串检查，未能起出落鱼工具串。

图6-12 盲锤

图6-13 6-X5井捞获钢丝

（5）再次下 JUS 打捞工具串至井深 3098m，下砸 6 次后，在上提工具串过程中，张力由 310kgf 上涨至 370kgf，起出落鱼工具串，如图 6-14 所示。

（六）结论与启示

该井是落鱼钢丝及工具共坐放管柱内，无法自由移动，同时存在油管内径小、落鱼所处位置井斜度大的技术难点，直接打捞落鱼几乎无法实现。针对此类特殊情况，制订出一套"分步打捞"的新型打捞方式，该方式通过先打捞钢丝，再打捞井下工具串的新思路，将难题一步一步分解，将一个难度大、难以实施的打捞作业分解为两个难度低、可实施的打捞作业。该井落鱼的打捞成功，取得了新的技术突破，为钢丝作业技术在管柱内径小、大井斜落鱼打捞作业积累了宝贵的经验。

图 6-14　6-X5 井捞获落鱼工具串

四、6-X7 井钢丝打捞

（一）气井基本情况

该井完钻井深 6070mm，在进行流压测试作业期间，开井导致井下工具串发生上顶现象，钢丝打结回座，钢丝在井口断裂掉井，关井油管压力为 35MPa，本井 H_2S 含量为 $0.48 \sim 0.58 g/m^3$。

（二）井内落鱼情况

落鱼总长：5401.66m；落鱼总重：192kg。

落井钢丝直径：2.34mm；落井钢丝绳长度：5400m；落井钢丝重量为：178kg。

落井仪器串长度：1.66m；落井仪器串质量：14kg；落井仪器串结构：绳帽（ϕ32mm×100mm）+加重杆（ϕ36mm×760mm）+压力计（ϕ32mm×800mm）共 1660mm。

ϕ2.34mm 处落井钢丝破断拉力：755kgf（实验室数据）。

（三）打捞作业难点

（1）气井压力高，作业风险大。

（2）井下完井管柱复杂，完井管柱内有多个封隔器和投球滑套，且该井为斜井，给打捞工具的下入与起出带来风险、操作难度大。

（四）打捞设计关键参数

落鱼位置估算：本井人工井底为 6040m，井下管串有两处变径；第一处在投球滑套（内径 65mm）井深 5530.82mm 处；第二处在投球滑套（内径 60mm）井深 5730.44mm 处。分析落鱼工具串可能掉落在两处变径位置及人工井底。分别计算鱼头位置：根据经

验公式计算 5400m 钢丝收缩距为 86m，鱼头位置分别位于 217m 处、416m 处和 726m 处。在 217m 处附近抓住鱼头，落鱼可能全部捞出或在井下钢丝打结处拉断。在 416m 处附近抓住鱼头，落鱼在上提过程中不遇阻卡，可能全部捞出或在井下钢丝打结处拉断。在上提过程中遇阻卡，$\phi2.34mm$ 落井钢丝破断拉力 755kgf，MP35N$\phi3.2mm$ 钢丝最大破断拉力 1300kgf（实验数据），拉断 $\phi2.34mm$ 落井钢丝可能性较大。落鱼掉至人工井底，该井人工井底为 6040m，由于该井是斜井，则捞住钢丝后存在仪器串无法再次提入油管内，落井钢丝可能从打结处或上部拉断。

（五）现场施工

（1）下钢丝探测器探测鱼顶并整形。下钢丝探测器（挡环外径 68mm，本体外径 63mm）缓慢下探（井口静止张力 17lbf），至井深 50m 处（静止张力 40lbf，上提张力 96lbf），在预估鱼顶位置 217m 和 416m 附近反复上提下放，均无明显遇阻现象，至井深 580.9m 处观察张力突降（237lbf），探测到钢丝鱼顶，反复上提下放 7 次，下推整形至井深 582.3m 处。整形工具出井，探测器铜挡环上未见明显钢丝压痕，如图 6-15 所示。

（2）换装专用捞矛，带整形外捞矛下至井深 570m 期间无明显遇阻现象（570m 处上提张力 360lbf），至 581.9m 处遇阻，缓慢上提，张力逐渐增加，至 504.9m 处张力增加至 920lbf，突降为 730lbf，继续缓慢上提，上提缓慢反复变化（最大张力 810lbf），但趋势为逐渐降低，打捞工具起至防喷管内，静止张力 485lbf，关钢丝防喷器。

（3）压裂车采用 200L/min 排量泵入清水 5m³，试井车观察张力无变化，提高排量至 300L/min，再泵入清水 5m³，共泵入 10m³ 清水，井口油压降至 18.8MPa。

（4）防喷管泄压，确认无泄漏后，采用气动绞车上提防喷管 0.4m，井口观察到一根落鱼钢丝，采用钢丝夹板夹紧，剪短夹板以上钢丝，倒防喷管，捞矛上缠绕钢丝约 15m。采用游车大钩上提夹板，导出落鱼钢丝约 30m，反穿防喷管与滚筒连接，缓慢上起，张力约 2.8tf，判断整个落鱼已被捞获。上起落鱼钢丝，起出钢丝约 5380m 及测试压力计工具串，如图 6-16 所示。

图 6-15 探测器铜挡环

图 6-16 6-X7 井捞获落鱼

（六）结论与启示

6-X7 井成功捞出井下钢丝和测试工具得益于对井下落鱼位置的分析，通过实际探测鱼顶位置，确定了工具串的大致位置，排除了工具串卡在井下管柱变径的地方，为一次性打捞整个工具串提供了依据；而不再采用先切断钢丝再打捞工具串的方案。同时，由于该井井口关井压力较高，加之含硫化氢，为降低倒换钢丝作业车的风险，在抓住井下钢丝后，采用向井筒注入清水来降低井口压力方式释放安全作业风险。

五、6-X8 井节流器打捞

（一）气井基本情况

6-X8 井由于先后两次采取连续油管打捞节流器失败，节流器维护不成功，井下节流器堵塞，产量逐步下降最终降为 0。本次作业前该井套管压力为 7.2MPa，油管压力为 0.9MPa。计划采用钢丝作业方式，对本井进行井下节流器打捞，解决井筒内堵塞，恢复生产。

（二）井内节流器情况

因井内脏物较多，节流器堵塞无法生产，前期采取连续油管打捞节流器。第一次加压 2tf，上提悬重变化不明显，下放连续油管再次打捞，加重 2tf，上提悬重变化不明显，未成功打捞井下节流器。第二次连续油管下放至 2202m 处再次进行打捞，分别加重 2.2tf、2.9tf 和 2.3tf，上提悬重变化均不明显，未成功打捞井下节流器，起出工具后判断打捞工具未与节流器接触。

（三）打捞作业难点

（1）从之前的作业来看，打捞工具无法接触到节流器，证明节流器上部大概率有脏物堆积。

（2）作业井地层压力低，洗井后堵塞物可能难以正常返排。

（3）节流器堵塞以后，节流器上下存在压差，易造成打捞复杂。

（四）打捞设计思路

整体思路：通井→井下照相→井下脏物取样→洗井解堵→打捞。

（1）通井：判断遇阻点，确认井筒是否通畅，保证后续井下工具安全。

（2）井下照相：确认遇阻点脏物堆积情况。

（3）井下脏物取样：取井下脏物明确井筒堵塞物物性，从而选择针对性解堵剂。

（4）洗井解堵：泵注解堵剂浸泡 16h 以上，观察井口油压恢复情况。

（5）打捞井下节流器。

（五）现场施工

（1）下入通井工具串至接近井深 2198.02m（节流工作筒位置）50m 时遇阻。

（2）下入井下照相工具至遇阻位置后上提 30cm，静置拍照，拍完后上提。

（3）下缓慢下取样工具遇阻后上提取样器。

（4）根据取出的井下脏物准备解堵剂，解堵剂浸泡 16h 以上，观察井口油压恢复情况。

（5）打捞井下节流器成功捞获节流器。

（六）结论与启示

由于气井在投产前未进行井筒清洁，直接采用井下节流器投产，对于四川盆地采用胶凝酸进行增产改造的气井，普遍存在井筒脏物堵塞现象，在进行钢丝作业前对井筒进行清洁是成功完成钢丝作业的必要条件。

六、Y 型井钢丝打捞

（一）井的基本情况

渤海某平台 Y 型井在钢丝作业开启 2.313in 循环滑套时意外多下了十多米，到了 2.313in 地层滑套以下，所以只能由下而上顺序打开（向上震击）地层滑套和循环滑套，然后再次下井关闭循环滑套。值得注意的是这两个滑套只间距 13m，在向下震击关闭循环滑套的过程中发生意外，钢丝断裂，致使约 22m 钢丝和整套钢丝工具串落井。

（二）井内落鱼情况

落鱼工具串：ϕ38mm 绳帽 ×0.15m+ϕ38mm 加重杆 ×1.5m+ϕ38mm 万向节 ×0.25m+ϕ38mm 加重杆 ×1.5m+ϕ38mm 机械震击器 ×2.2m+ 快速接头 ×0.3m+2.313in 非选择性移位工具带保护套 ×0.3m，共 6.2m。

（三）打捞作业难点

（1）落鱼位置不便判断；

（2）井下管柱复杂（生产管柱见表 6-4），内径不一，钢丝操作难度较大。

表 6-4 渤海某平台 Y 型井生产管柱数据

序号	井下工具名称	内径 in	深度 m	备注
1	2.813in 井下安全阀	2.813	146	打开
2	$9^5/_8$in 过电缆封隔器	2.918	179	
3	2.75in 坐落接头	2.750	209	
4	传压短节	2.992	2108	
5	上工作筒	2.402	2111	

续表

序号	井下工具名称	内径 in	深度 m	备注
6	210Y-Block	2.992	2112	
7	下工作筒	2.402	2113	无 Y 堵
8	传压短节及变扣	2.441	2156	
9	210Y-Block	2.992	2159	
10	2.313in 专用工作筒	2.313	2160	有 Y 堵
11	2.313in CMU 滑套	2.313	2210	打开，向上打开
12	6in 定位密封	2.441	2220	
13	2.313in CMU 滑套	2.313	2235	关闭，向上打开
14	4.75in 打压式插入密封	2.992	2245	
15	2.313in XN 坐落接头	2.205	2262	
16	$2\frac{7}{8}$in EU 带孔圆堵	—	2279	

（四）打捞设计关键参数

（1）根据计算公式和作业类型配置合理的工具串组合。选用合适工具下井确认落鱼和鱼顶的深度位置，并通过工具在钢丝头处多次下放将钢丝头造弯以利打捞。

工具串组合：$1\frac{1}{2}$in 绳帽 + 变扣 + $1\frac{7}{8}$in 旋转节 + $1\frac{7}{8}$in 加重杆 + $1\frac{7}{8}$in 万向节 + $1\frac{7}{8}$in 加重杆 + $1\frac{7}{8}$in 万向节 + $1\frac{7}{8}$in 震击器 + 2.2in 探测器。

（2）试抓钢丝，将钢丝和工具串整体捞出。此过程中要求操作严谨、专业，防止形成鸟窝。选用合适的钢丝捞矛下井打捞钢丝，若钢丝捞矛在低于钢丝顶端较多的位置捞住钢丝，捞矛上面的钢丝会结成团而造成更严重的事故。

（3）若作业顺利，单次即可打捞出整串落井钢丝和工具串；若不顺利，则将钢丝和工具串单独处理、分别打捞。

（五）现场施工

根据计算公式和作业类型配置合理的工具串组合，下入 2.2in 探测器，工具串在 2.313in XN 工作筒附近遇阻不能下行，判定此深度为落鱼鱼顶位置。随后下入 2.2in 捞矛至目标深度以上 20m 处停止，然后再缓慢下放至落鱼的鱼顶，经过反复多次专业操作，终于成功抓住落井钢丝的断头，如图 6-17 所示。在规定的钢丝拉力范围内向上过提，拉出工具串。具体钢丝拉力

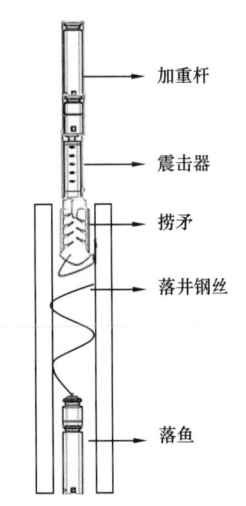

图 6-17 渤海某平台 Y 型井钢丝打捞过程模拟图

数值见表6-5。提出井口后确认捞出大约22m钢丝和全部落鱼工具串。

表6-5 关键点钢丝拉力表

作业深度，m	上提拉力，lbf	静止悬重，lbf	最大上提拉力，lbf
1500	420	310	—
2000	610	450	—
2260	630	470	960

（六）结论与启示

由于行业特性，钢丝断裂事故的发生是大概率事件。只要能够安全、及时、有效地处理，发生钢丝事故并不可怕。一旦钢丝断裂、工具串落井，现场施工人员万不可慌张无措，更不可贸然下井打捞。一定要综合分析事故原因、现场工具设备状态和与作业相关的各方面情况，制订出完整的打捞方案，方可进行下一步操作。

七、6-X9井井口防喷器故障处理

（一）井的基本情况

6-X9井由于井内脏物附着于钢丝上，随钢丝上起进入防喷装置防喷塞、顶密封柱状密封圈、活塞杆等部位并堆积，导致抱紧钢丝，造成卡阻。

（二）防喷器情况

关防喷器泄压，含硫天然气点火燃烧。操作人员乘坐高空作业车到防喷装置顶密封处，清洗顶密封活塞通道、活塞杆，更换密封密封圈，再打开防喷器，使钢丝能上下顺畅活动后上起钢丝。经过2天多次清洗活塞杆及活塞通道，每次仅能上起2~3m钢丝，反复多次尝试上起了9.7m，由438.5m处起至428.8m处。再关闭防喷器泄压，吊下防喷管后，发现防喷管内钢丝附着大量砂粒，需用较大力气才能刮下。钢丝呈土黄色，直径增大到3mm以上。清洗柱状密封圈及活塞杆时，发现有1~3mm粒径砂粒存在，结合该井生产时出砂严重等情况，证实上起遇卡原因为井内出砂造成砂卡。短时间关井，利用泵车向井筒内注入清水。泵压34MPa（与井口压力相当），排量200L/min。冲洗钢丝上的砂粒，清洁润滑钢丝后再上起，效果良好，将钢丝起至-1.8m处。采用人工拉钢丝，在防喷器部位传出撞击声，声音沉闷，初步判断仪器串未进入防喷管，绳帽头在防喷器胶芯部位遇阻，无法通过。泄压上提防喷管0.2m，发现防喷器胶芯处有钢丝，确认绳帽头在防喷器胶芯部位遇阻，防喷器胶芯未打开，仪器串无法通过防喷器。

（三）处理思路

（1）本井有1号、4号和7号3个主控阀门，要拆除出现故障的井口防喷器，必须关闭 1 个主控阀门，目前测试工具串仍在井内，则必须剪断钢丝。该井是斜井，工具串若掉入井底，后续打捞工作难度大，通过关闭 1 个井口主控阀门，夹持住测试工具串，后续在井口打捞测试工具串，方案更加可行。

（2）关闭主控阀门剪断钢丝，要尽量从绳帽顶部剪断，方便打捞工具抓绳帽头，因绳帽头距 7 号阀最近，关闭 7 号阀更便于精确控制。关闭 4 号阀，用阀杆夹持测试工具串。

（3）上述步骤完成后，泄压后拆除出现故障的井口防喷器，安装新的井口防喷器，组装打捞工具串，在井口打捞绳帽头，确认抓住绳帽头后，再打开 4 号阀，打捞出测试工具串。

（四）作业过程

（1）收集核实采油树型号、阀门型号、开关圈数、闸板厚度、井下工具串结构以及防喷器至 1 号、4 号和 7 号阀距离等信息数据。

（2）下放测试工具串，绳帽头顶部刚刚在 7 号阀下端，用 1 号阀阀杆顶住加重杆，从 7 号阀处切断钢丝，下打捞工具在 7 号阀处打捞出仪器串。

（3）拆除防喷器和防喷装置，检查井口防喷器发现：防喷器两翼活塞杆断裂，防喷器闸板可以关闭、却无法打开。

（五）结论与启示

钢丝防喷器是钢丝作业的重要组成部分，通常用作井口防喷装置泄漏的应急处理，不能当作常规手段处理问题。否则频繁使用防喷器发生故障，更易导致事件复杂化。另外，在采购抗硫防喷器验货时，需要对防喷器内有可能接触流体介质的闸板等部件进行材质无损检测，确保零部件抗硫性能达标。

附 录
Appendix

附录A 钢丝作业常用计算公式

一、入井的试井工具串允许长度计算

对于斜井，入井的试井工具串长度受井眼几何形状的限制，入井工具串的最大允许长度由式（A-1）计算：

$$L_{max} = 2\sqrt{(D+R_c)^2 - (R_c+d)^2} \quad （A-1）$$

式中 L_{max}——入井的试井工具串最大允许长度，m；
D——油管内径，m；
R_c——斜井轨迹最大曲率半径，m；
d——工具串外径，m。

二、加重杆重量的计算

加重杆重量可按下式计算：

加重杆重量 =（上顶力 + 摩擦力 + 流体携带力 + 浮力）× 安全系数

如井为斜井，需要将算出的重量乘以测量点处斜度的余弦（$\cos\alpha$，α 为井的斜度）才是实际重量。

（一）上顶力计算

钢丝或电缆通过井口防喷装置的密封控制头，防喷管内流体压力对钢丝或电缆产生上顶力，上顶力由式（A-2）计算：

$$F = p \times \left(\frac{\pi \times D^2}{4}\right) \quad （A-2）$$

式中 F——上顶力，kgf；
p——气体压力，kgf/m³；
D——钢丝或电缆直径，m。

（二）流体携带力计算

试井工具串上下端的压差与横截面积之积即流动天然气产生的携带力。工具串上下端压力根据天然气沿环形空间流动公式计算：

$$p_{\mathrm{wf}} = \sqrt{p_{\mathrm{wh}}^2 \times \mathrm{e}^{\frac{0.06969\gamma_{\mathrm{g}}L}{\overline{Z}\overline{T}}} + \frac{1.2893\times 10^{-8} f q_{\mathrm{g}}^2 \overline{Z}^2 \overline{T}^2 p_{\mathrm{sc}}^2 \left(\mathrm{e}^{\frac{0.06969\gamma_{\mathrm{g}}L}{\overline{Z}\overline{T}}} - 1\right)}{(D-d)\left(D^2-d^2\right)^2}} \qquad (\text{A}-3)$$

式中 p_{wf}——井筒内深度 L 处的流动压力，MPa；

p_{wh}——流动条件下的井口压力，MPa；

γ_{g}——天然气相对密度；

L——工具串上（下）端在井筒中的深度，m；

$\overline{Z}$——井筒天然气平均偏差系数；

$\overline{T}$——井筒天然气平均温度，K；

f——摩阻系数；

q_{g}——气井产量，$10^4\mathrm{m}^3/\mathrm{d}$；

p_{sc}——标准条件压力，取 0.101325MPa；

D——油管内径，m；

d——工具串外径，m。

（三）浮力计算

在静压测试过程中，压力计两端基本处于同一压力系统，工具仅受井筒天然气的浮力作用。井下天然气密度由式（A-4）计算：

$$\rho = \frac{28.963\gamma_{\mathrm{g}}p}{RTZ} \qquad (\text{A}-4)$$

式中 ρ——气体密度，$\mathrm{kg/m}^3$；

γ_{g}——天然气相对密度；

R——通用气体常数，取 8314Pa·m^3/（kmol·K）；

T——温度，K；

Z——气体偏差系数；

p——压力，Pa。

钢丝和仪器工具的浮力由式（A-5）计算：

$$F = \rho \frac{\left(l_1 \pi D_1^2 + l_2 \pi D_2^2\right)}{4} \qquad (\text{A}-5)$$

式中 F——浮力，kgf；

ρ——气体密度，$\mathrm{kg/m}^3$；

l_1——工具仪器串长度，m；

D_1——工具仪器平均直径，m；

l_2——钢丝长度，m；

D_2——钢丝直径，m。

在气水同产井或水井中，流体密度可以通过实测压力梯度进行换算，钢丝和仪器工具的浮力计算公式相同，在井筒有液面或多个相态分布应采取分段计算再合计。

（四）安全系数

根据经验确定安全系数取 1.25～1.5，如是斜井或流速高和产水量大的气井，应加大安全系数。

三、井筒内平均流速计算

由于工具的存在减少了油管的过流面积，使流速大大增加，不同截面气体流速由式（A-6）计算：

$$v=\frac{q_{sc}}{86400}\frac{T}{293}\frac{101.325}{p}\frac{Z}{1}\frac{4}{\pi}\frac{1}{d^2} \qquad (A-6)$$

式中　v——气体平均流速，m/s；

q_{sc}——标准状态下气体流量，m³/d；

T——地面温度，取 293K；

p——压力，kPa；

d——油管内径，m；

Z——气体偏差系数。

气体平均流速与风力等级对比，可以帮助认识油管内流动气体的上升冲力，当气体流速达到 24.5～28.4m/s（相当 10 级狂风）以上时，高速流动的气体对钢丝（电缆）和测试仪器工具的上升冲力剧增，测试风险大。

对于存在两项或多项流动介质的井，流速越快，流体密度越大，上升冲力越强，井下测试风险越高。

四、鱼头位置计算

钢丝断头的位置计算：

$$T=D-L-(E\times F/A)L_0 \qquad (A-7)$$

式中　T——钢丝断头位置，m；

D——工具串到达的实际深度，m；

L——井内钢丝及工具串的长度，m；

E——弹性模量，N/mm²；

F——绳索受拉力，kN；

A——绳索截面积，m²；

L_0——井内钢丝的长度，m。

附表 A-1　不同材质钢丝的弹性模量

绳索材质	弹性模量 N/mm²	绳索外径 mm	最小钢丝绳拉伸 mm
316 不锈钢	180000	3.81	2.44
		4.06	2.14
SUPA40	200000	3.81	2.19
		4.06	1.93
SUPA75	185000	3.81	2.37
		4.06	2.08

附表 A-2　断落钢丝在油套管中的千米收缩率（自由状态下）

油套管尺寸 in	钢丝直径 in	千米收缩率 ft	油套管尺寸 in	钢丝直径 in	千米收缩率 ft
2 7/8	0.092	12	4 1/2	7/32	38
3 1/2	0.092	15	5 1/2	0.108	40
	0.108	16		0.125	43
	0.125	17		3/16	50
	3/16	20		7/32	54
	7/32	22	7	0.108	90
4 1/2	0.108	27		0.125	93
	0.125	30		3/16	100
	3/16	35		7/32	109

附录 B　快速接头规范表

API 法兰尺寸 in	标准快速接头[①] ACME	快速接头密封直径 in	快速接头密封直径 mm	内径 in	内径 mm	服务环境	工作压力 psi	工作压力 kgf/cm²
2 1/16	5-4	3.500	88.90	2.06	52.32	Std[②]	5000	351.50
				2.06	52.32	Std	10000	703.00
				2.06	52.32	Std	15000	1054.50
	5 3/4-4	4.000	101.6	2.06	52.32	H₂S	5000	351.50
				2.06	52.32	H₂S	10000	703.00
				2.06	52.32	H₂S	15000	1054.50

续表

API法兰尺寸 in	标准快速接头[①] ACME	快速接头密封直径 in	快速接头密封直径 mm	内径 in	内径 mm	服务环境	工作压力 psi	工作压力 kgf/cm²
$2^{9}/_{13}$	5-4	3.500	88.90	2.56	65.02	Std	5000	351.50
	5-4	3.500	88.90	2.56	65.02	Std	10000	703.00
	5-4	3.500	88.90	2.62	66.55	Std	15000	1054.50
	$5^{3}/_{4}$-4	4.000	101.60	2.62	65.02	H$_2$S	5000	351.50
	$5^{3}/_{4}$-4	4.000	101.60	2.56	65.02	H$_2$S	10000	703.00
	$6^{1}/_{4}$-4	4.000	101.60	2.56	66.55	H$_2$S	15000	1054.50
$3^{1}/_{16}$	5-4	3.500	88.90	2.62	74.68	Std	10000	703.00
	$5^{3}/_{4}$-4	4.000	101.60	2.94	76.20	H$_2$S	10000	703.00
	$7^{1}/_{2}$-4	5.500	139.70	3.00	76.20	H$_2$S	15000	1054.50
$3^{1}/_{8}$	5-4	3.500	88.90	3.00	76.20	Std	5000	351.50
	$5^{3}/_{4}$-4	4.000	101.60	3.00	76.20	H$_2$S	5000	351.50
$4^{1}/_{16}$	$6^{1}/_{2}$-4	4.750	120.65	4.00	101.60	Std	5000	351.50
	$6^{1}/_{2}$-4	4.750	120.65	4.00	101.60	Std	10000	703.00
	$8^{3}/_{8}$-4	5.250	133.35	4.00	101.60	H$_2$S	5000	351.50
	$8^{3}/_{8}$-4	5.250	133.35	4.00	101.60	H$_2$S	10000	703.00
	$9^{1}/_{2}$-4	6.250	158.75	4.00	101.60	H$_2$S	15000	1054.50
$5^{1}/_{8}$	$8^{1}/_{4}$-4	6.188	156.98	5.00	127.00	Std	5000	351.50
	$8^{1}/_{4}$-4	6.188	156.98	5.00	127.00	Std	10000	703.00
	9-4	6.750	171.45	5.00	127.00	H$_2$S	5000	351.50
	9-4	6.750	171.45	5.00	127.00	H$_2$S	10000	703.00
$7^{1}/_{16}$	$8^{3}/_{4}$-4	7.500	190.50	6.38	162.05	Std	5000	351.50
	$9^{1}/_{2}$-4	8.000	203.20	6.38	162.05	H$_2$S	5000	351.50
	$11^{1}/_{2}$-4	8.250	209.55	6.38	162.05	H$_2$S	10000	703.00
	$12^{1}/_{4}$-4	7.000	177.80	5.12	130.04	H$_2$S	15000	1054.50

① 快速接头还有另外一种为 $6^{1}/_{2}$-4ACME×2 形式的，表示为双螺纹，比单螺纹上扣快一半。
② Std—常规环境下。

附录 C 手动单闸板 BOP 规范

名义尺寸，in	3			4				$6\frac{3}{8}$	$6\frac{3}{8}$
工作压力，psi	5000~10000	5000	10000	5000~10000	5000	10000	15000	5000	5000
服务环境	Std[①]			H_2S				Std	H_2S
最小内径，in	2.94	2.98	2.94	4.00	4.00	4.00	3.98	6.38	6.38
顶部连接螺纹	5 4 ACME	$5\frac{3}{4}$ 4 ACME	$5\frac{3}{4}$ 4 ACME	$6\frac{1}{2}$ 4 ACME	$8\frac{3}{8}$ 4 ACME	$8\frac{3}{8}$ 4 ACME	$9\frac{1}{2}$ 4 ACME	$8\frac{3}{4}$ 4 ACME	$9\frac{1}{2}$ 4 ACME
快速内螺纹接头（密封内径，in）	3.500	4.00	4.00	4.75	5.25	5.25	6.25	7.50	8.00
底部连接螺纹	5 4 ACME	$5\frac{3}{4}$ 4 ACME	$5\frac{3}{4}$ 4 ACME	$6\frac{1}{2}$ 4 ACME	$8\frac{3}{8}$ 4 ACME	$8\frac{3}{8}$ 4 ACME	$9\frac{1}{2}$ 4 ACME	$8\frac{3}{4}$ 4 ACME	$9\frac{1}{2}$ 4 ACME
快速外螺纹接头及接箍外径，in	3.496	3.996	3.996	4.746	5.246	5.246	6.246	7.496	7.996

① Std—常规环境下。

附录 D Optimax 安全阀参数

型号	W（E）-5			
油管尺寸，in	$2\frac{3}{8}$	$2\frac{7}{8}$	$3\frac{1}{2}$	$4\frac{1}{2}$
最大外径，in	3.625	4.600	5.160	6.920
总长度，in	61	57	66	71
最小内径，in	1.875	2.313	2.813	3.813
工作压力，psi	5000			
试验压力，psi	7500			
工作筒槽形	Petroline 'QN' 是标准工作筒槽形			
控制管线螺纹类型	工业标准金属密封压紧接头，用于 1/4in 控制管线			
额定工作温度，°F	30~300			
无故障下入深度，ft	1000		2000	
平衡特点	（E）型安全阀有可靠的活瓣上下平衡技术			
活瓣软密封	专门设计的填充塑料材料，提供可靠的低压密封 在 300°F，10000psi 气压差条件下进行过验证试验			
辅助工具	锁定打开工具			
	控制管线连通工具			
	插入式钢丝安全阀			
设计和制造执行标准	API Q1 和 API 14A			
防腐等级	3S2			

附录 E　哈里伯顿公司井下安全阀参数

油管外径 in	最大外径 mm	内径 mm	压力等级 MPa	油管外径 in	最大外径 mm	内径 mm	压力等级 MPa
$2^{3}/_{8}$	92	48	34.5	$2^{7}/_{8}$	114	54~59	34.5
	94		34.5		118		34.5
	101		68.9		125		68.9
$3^{1}/_{2}$	128	70~71	34.5	$4^{1}/_{2}$	151	95~97	58.6
	132		34.5		168		34.5
	137		68.9		171		34.5
	143		68.9		177		51.7

附录 F　贝克休斯公司井下安全阀参数

油管外径 in	最大外径 mm	内径 mm	压力等级 MPa	油管外径 in	最大外径 mm	内径 mm	压力等级 MPa
$2^{3}/_{8}$	88.9	47.6	62	$2^{7}/_{8}$	117.5	58.7	34.5
	92.1		68.9		130.4		68.9
$3^{1}/_{2}$	129.5	58.7	34.5	$4^{1}/_{2}$	167.6	71.3	34.5
	143.5	58.7	68.9		188	71.3	68.9
	136.7	71.4	34.5		190.5	96.8	103.4
	143.5		69.9		181.3	87.3	137.9

参 考 文 献

［1］赵康. 新型井下电视在落鱼检测中的应用［D］. 西安：西安石油大学，2020.
［2］陈诚. 数字钢丝在油气井作业中的应用［J］. 化工设计通讯，2019，45（5）：241，248.
［3］林炳南，李大亮. 数字钢丝在油气井作业中的应用［J］. 石油机械，2011，39（12）：76-78.
［4］卜现朝. 浅谈钢丝作业技术及其在海洋油田的应用［J］. 工程技术（文摘版），2016（7）：264.
［5］徐效谦. 特殊钢丝新产品新技术［M］. 北京：冶金工业出版社，2016.
［6］油气井测试编写组. 油气井测试［M］. 北京：石油工业出版社，2017.
［7］董凯，陈文全，汤胜利，等. 测井绞车设备技术现状与发展趋势［J］. 石油机械，2008，36（10）：4.
［8］汪强，任化斌，丁友林，等. 闭式液压传动系统在试井车中的应用［J］. 机械工程师，2002（6）：2.
［9］芮小斌，汤胜利，姚伟锋，等. 同轴联动双滚筒试井车的研制［J］. 石油机械，2007，35（9）：65-67.
［10］徐效谦. 不锈录井钢丝的生产和选用［C］. 线材制品国际技术研讨会，2006.
［11］尹涛，尹万全. 不锈录井钢丝的评估与试制［C］. 全国金属制品信息网第22届年会论文集，2010.